“十四五”国家重点出版物出版规划项目

青少年科学素养提升出版工程

中国青少年科学教育丛书

总主编　郭传杰　周德进

电磁的奥秘

郑青岳　主编

赵顺法　郑青岳　董炳土　编著

浙江教育出版社·杭州

图书在版编目（CIP）数据

电磁的奥秘 / 郑青岳主编 ; 赵顺法, 郑青岳, 董炳土编著. -- 杭州 : 浙江教育出版社, 2022.10（2024.5 重印）
（中国青少年科学教育丛书）
ISBN 978-7-5722-3191-9

Ⅰ. ①电… Ⅱ. ①郑… ②赵… ③董… Ⅲ. ①电磁学—青少年读物 Ⅳ. ①O441-49

中国版本图书馆CIP数据核字(2022)第035556号

中国青少年科学教育丛书

电磁的奥秘

ZHONGGUO QINGSHAONIAN KEXUE JIAOYU CONGSHU

DIANCI DE AOMI

郑青岳 主编　　赵顺法　郑青岳　董炳土　编著

策　　划 周　俊　　**责任校对** 操婷婷
责任编辑 王登科　江　雷　　**营销编辑** 滕建红
责任印务 曹雨辰　　**美术编辑** 韩　波
封面设计 刘亦璇

出版发行 浙江教育出版社（杭州市环城北路177号 电话：0571-88909724）
图文制作 杭州兴邦电子印务有限公司
印　　刷 杭州富春印务有限公司
开　　本 710mm×1000mm　1/16
印　　张 15
字　　数 300 000
版　　次 2022年10月第1版
印　　次 2024年5月第3次印刷
标准书号 ISBN 978-7-5722-3191-9
定　　价 48.00元

总序

高度重视科学教育，已成为当今社会发展的一大时代特征。对于把建成世界科技强国确定为21世纪中叶伟大目标的我国来说，大力加强科学教育，更是必然选择。

科学教育本身即是时代的产物。早在19世纪中叶，自然科学较完整的学科体系刚刚建立，科学刚刚度过摇篮时期，英国著名博物学家、教育家赫胥黎就写过一本著作《科学与教育》。与其同时代的哲学家斯宾塞也论述过科学教育的重要价值，他认为科学学习过程能够促进孩子的个人认知水平发展，提升其记忆力、理解力和综合分析能力。

严格来说，科学教育如何定义，并无统一说法。我认为科学教育的本质并不等同于社会上常说的学科教育、科技教育、科普教育，不等同于科学与教育，也不是以培养科学家为目的的教育。究其内涵，科学教育一般包括四个递进的层面：科学的技能、知识、方法论及价值观。但是，这四个层面并非同等重要，方法论是科学教育的核心要素，科学的价值观是科学教育期望达到的最高层面，而知识和技能在科学教育中主要起到传播载体的功用，并非主要目的。科学教育的主要目的是提高未来公民的科学素养，而不仅仅是让他们成为某种技能人才或科学家。这类似于基础教育阶段的语文、体育课程，其目的是提升孩子的人文素养、体能素养，而不是期望学生未来都成为作家、专业运动员。对科学教育特质的认知和理解，在很大程度上决定着科学教育的方法和质量。

科学教育是国家未来科技竞争力的根基。当今时代，经历了五次科技革命之后，科学技术对人类的影响无处不在、空前深刻，科学的发展对教育的影响也越来越大。以色列历史学家赫拉利在《人类简史》里写道：在人类的历史上，我们从来没有经历过今天这样的窘境——我们不清楚如今应该教给孩子什么知识，能帮助他们在二三十年后应对那时候的生活和工作。我们唯一可以做的事情，就是教会他们如何学习，如何创造新的知识。

在科学教育方面，美国在20世纪50年代就开始了布局。世纪之交以来，为应对科技革命的重大挑战，西方国家纷纷出台国家长期规划，采取自上而下的政策措施直接干预科学教育，推动科学教育改革。德国、英国、西班牙等近20个西方国家，分别制定了促进本国科学教育发展的战略和计划，其中英国通过《1988年教育改革法》，明确将科学、数学、英语并列为三大核心学科。

处在伟大复兴关键时期的中华民族，恰逢世界处于百年未有之大变局，全球化发展的大势正在遭受严重的干扰和破坏。我们必须用自己的原创，去实现从跟跑到并跑、领跑的历史性转变。要原创就得有敢于并善于原创的人才，当下我们在这方面与西方国家仍然有一段差距。有数据显示，我国高中生对所有科学科目的感兴趣程度都低于小学生和初中生，其中较小学生下降了9.1%；在具体的科目上，尤以物理学科为甚，下降达18.7%。2015年，国际学生评估项目（PISA）测试数据显示，我国15岁学生期望从事理工科相关职业的比例为16.8%，排全球第68位，科研意愿显著低于经济合作与发展组织（OECD）国家平均水平的24.5%，更低于美国的38.0%。若未来没有大批科技创新型人才，何谈到本世纪中叶建成世界科技强国！

从这个角度讲，加强青少年科学教育，就是对未来的最好投资。小学是科学兴趣、好奇心最浓厚的阶段，中学是高阶思维培养的黄金时期。中小学是学生个体创新素质养成的决定性阶段。要想30年后我国科技创新的大树枝繁叶茂，就必须扎扎实实地培育好当下的创新幼苗，做好基础教育阶段的科学教育工作。

发展科学教育，教育主管部门和学校应当负有责任，但不是全责。科学教育是有跨界特征的新事业，只靠教育家或科学家都做不好这件事。要把科学教育真正做起来并做好，必须依靠全社会的参与和体系化的布局，从战略规划、教育政策、资源配置、评价规范，到师资队伍、课程教材、基地建设等，形成完整的教育链，像打造共享经济那样，动员社会相关力量参与科学教育，跨界支援、协同合作。

正是秉持上述理念和态度，浙江教育出版社联手中国科学院科学传播局，组织国内科学家、科普作家以及重点中学的优秀教师团队，共同实施“青少年科学素养提升出版工程”。由科学家负责把握作品的科学性，中学教师负责把握作品同教学的相关性。作者团队在完成每部作品初稿后，均先在试点学校交由学生试读，再根据学生反馈，进一步修改、完善相关内容。

“青少年科学素养提升出版工程”以中小学生为读者对象，内容难度适中，拓展适度，满足学校课堂教学和学生课外阅读的双重需求，是介于中小学学科教材与科普读物之间的原创性科学教育读物。本出版工程基于大科学观编写，涵盖物理、化学、生物、地理、天文、数学、工程技术、科学史等领域，将科学方法、科学思想和科学精神融会于基础科学知识之中，旨在为青少年打开科学之窗，帮助青少年开阔知识视野，洞察科学内核，提升科学素养。

“青少年科学素养提升出版工程”由“中国青少年科学教育丛书”和“中国青少年科学探索丛书”构成。前者以小学生及初中生为主要读者群，兼及高中生，与教材的相关性比较高；后者以高中生为主要读者群，兼及初中生，内容强调探索性，更注重对学生科学探索精神的培养。

“青少年科学素养提升出版工程”的设计，可谓理念甚佳、用心良苦。但是，由于本出版工程具有一定的探索性质，且涉及跨界作者众多，因此实际质量与效果如何，还得由读者评判。衷心期待广大读者不吝指正，以期日臻完善。是为序。

2022 年 3 月

目录

第 6 章　电的生产

第 7 章　神秘的磁

第 8 章　电生磁与磁生电

第 9 章　无线电波

第1章

静电

2014 年 1 月 28 日，德国黑森州拉夫道夫一家奶牛场（图 1–1）因为 90 多头奶牛放屁引发爆炸，震塌棚顶，有一头奶牛被烧死。在事故调查中发现，引发这起爆炸的并非明火，而是牛棚比较拥挤，环境通风比较差，数量众多的奶牛放屁产生了大量的甲烷气体，再加上奶牛在互相摩擦中产生的静电火花引发了爆炸和火灾。那么，静电是怎样产生的？它有什么利和弊？

图 1–1　奶牛场

早期对静电的认识

在中国东汉时期，王充在《论衡》一书中就有“顿牟掇芥”的记载。“顿牟”就是琥珀（图 1–2），所谓“掇芥”，是指它可以吸引起一些轻小的物体。《洞冥记》中记载，皇宫里的宫女悄悄佩戴琥珀于衣裙，走动时会发出清脆的响声，宫女却说是自己骨节的声音，以显示自己的过人之处。其实这是摩擦琥珀产生的静电释放而发出的声音。

图 1–2　琥珀与布摩擦后能吸引轻小东西

早在公元前 585 年，古希腊哲学家泰勒斯发现，当琥珀和布摩擦时，能够像磁铁吸住钢针一样吸住绒毛、麦秆等一些轻小的物件。这引起了柏拉图和亚里士多德在内的众多哲人的关注，但他们都无法解释，这更为琥珀增添了几分神秘。

第一个认真研究摩擦起电现象的是 16 世纪的英国人吉尔伯特（图 1–3）。他是一位著名的医生，担任过英国女王伊丽莎白一世的御医，但他对科学，尤其是物理学的兴趣远远超过了医学。他想弄清楚琥珀为什么具有如此神奇的吸

图 1–3　吉尔伯特

引力。他用呢绒、毛皮、丝绸等摩擦金刚石、水晶、硫黄、树脂和玻璃等物质后，认识到这种现象并非琥珀所特有。他认为可能一切物质中都蕴藏着一种看不见的流体，当受到摩擦时这种流体会从物质中被挤出来，这是科学史上对摩擦起电现象成因的最早猜想。

1600 年，吉尔伯特把这种特殊的流体命名为“电”，英文单词“electric”（电）就是他根据希腊文中“elektron”（琥珀）一词的词根演化而来的，因此人们称他为“电学研究之父”。1603 年，吉尔伯特去世，伽利略称赞他“伟大到令人嫉妒的程度”。

18 世纪美国著名的政治家、外交家富兰克林（图 1-4）对电的本质及电现象的规律进行了一系列深入的实验研究，得到了许多重要成果。他做过这样一个实验：让两人分别站在绝缘的箱子上，其中一人摩擦玻璃管，另一人用肘部接触一下这个玻璃管，并让两人分别与站在地上的第三个人接触时，都有火花产生，这说明前两人都带电。重复前述的起电操作，让两人先相互接触再与站在地上的第三者分别接触时，结果都没有火花产生，这说明两人带电后只要一接触就都不带电。富兰克林由此提出，电是一种没有质量的流质（他称其为“电液”），存在于所有的物体之中。他还认为，摩擦只能使电从一个物体转移到另一个物体上，当摩擦玻璃时，电就流入玻璃，使它带正电；当摩擦琥珀时，电就从琥珀流出，使它带负电；而两者接触时，电

图 1-4　富兰克林（《时代》杂志为其推出特刊）

从正流向负，直到中性平衡为止。因此，在任一绝缘体系中电的总量是不变的，这就是通常所说的电荷守恒定律。

现在我们知道，在导线中，电流是电子的定向移动形成的，而“电液”是不存在的。但富兰克林所提出的正电和负电的概念，以及电荷守恒的思想为电学的后续发展开辟了道路。

自古以来，雷电一直是人类认识电现象的一个重要来源，但富兰克林在思考另外一个问题：天上的雷电与地上因摩擦而起的电在本质上是否一样？

为了验证“天电”与“地电”是否相同，1752 年 7 月，据说富兰克林曾用绸子做了一个风筝，风筝上装有一段铁丝。在一次暴风雨变成雷雨之前，富兰克林将飞筝放飞到雷雨云中，他看到风筝线上的小纤维都竖立起来（图 1-5）。富兰克林又利用风筝给莱顿瓶（一种用以储存静电的装置，最先由科学家穆欣布罗克在荷兰的莱顿试用）充电。他发现，捕捉的“天电”一样可以点燃酒精，可以做与“地电”同样的实验，从而证明了“天电”与“地电”

图 1-5　富兰克林风筝实验

的性质完全相同。俄国物理学家利赫曼就没有富兰克林那么幸运，他在1753年的一次类似的实验中，不幸被雷电击中，为追求科学真理献出了生命。

在18世纪，基督教会有广泛的社会影响，富兰克林的实验是对神学观念的公开挑战，这自然使教会十分震怒，他们斥责富兰克林的观点是对上帝的大逆不道，富兰克林毫不畏惧，不仅不承认错误，还于1753年制成世界上第一根避雷针。一百多年之后，费城盖了一座新教堂，教会怕新教堂遭雷击，也不得不安装了避雷针。这真是一个莫大的讽刺。

静电起电的方式

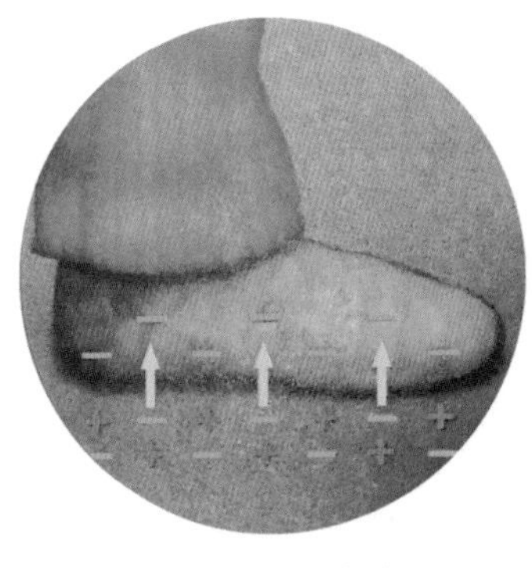

图1-6　摩擦起电

我们知道，通过不同物体之间的摩擦能够使物体带电，叫做摩擦起电。如图1-6所示，当某同学的袜子摩擦地毯时，电子从地毯移动到袜子上，这使袜子上有多余的负电荷。摩擦起电的实质就是通过摩擦使电子从一个物体转移到另一个物体上。印刷厂里，纸页间的摩擦会使纸页粘在一起难以分开，这也是由于摩擦起电造成的。

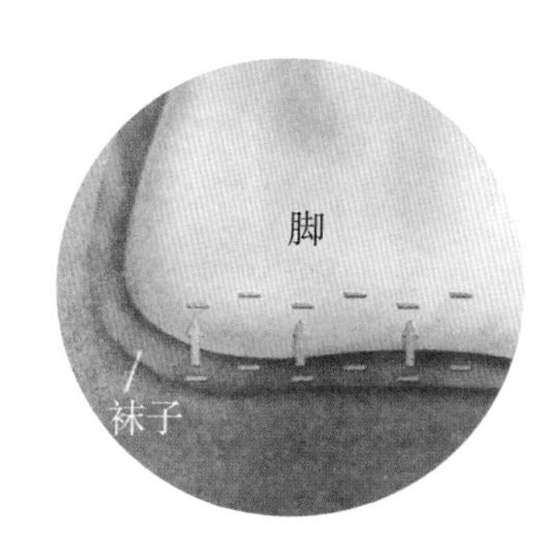

图 1-7　接触起电

如图 1-7 所示，袜子与地毯摩擦带电后，与袜子接触的脚也带上了负电。如果我们将一个不带电物体与另一个带电物体直接接触，这时不带电的物体也带上了电，这叫接触起电。接触起电的实质是通过接触而使电子从带有更多负电荷（或不带电）的物体转移到不带电（或带有更多正电荷）的物体上。例如，带正电荷的物体接触不带电的物体时将得到电子。

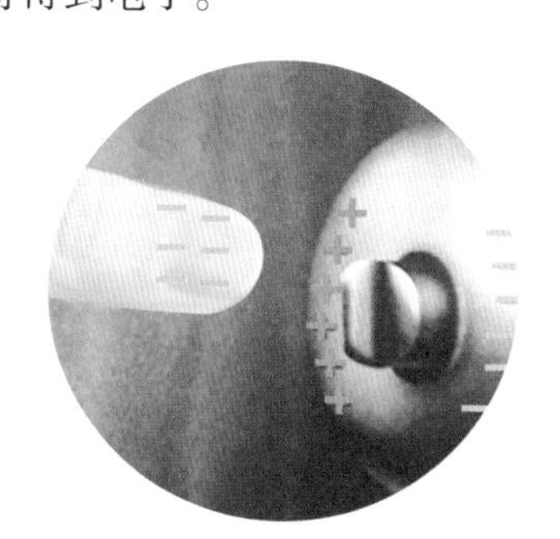
图 1-8　感应起电

如图 1-8 所示，一位同学的手指尖带上负电荷，当他的手指靠近门把手时（还没接触），手指尖带的负电荷对门把手表面上的电子产生排斥作用，使得门把手上的电子向远离手指方向移动。电子这样移动的结果使得门把手上产生感应的正电荷。这种起电方式叫感应起电。感应起电的实质是由于带电体会对靠近的物体中的电子产生吸引或排斥作用，从而使得不带电的这个物体的不同部位之间发生了电子移动。

静电起电的方式还有剥离起电、破裂起电、电解起电、压电起电、热电起电等。相互接触的固体、液体甚至气体都会因分离而带上静电。

摩擦电序

我们知道，经毛皮摩擦的橡胶棒带的是负电，而毛皮带的是正电；经丝绸摩擦的玻璃棒带的是正电，而丝绸带的是负电。为什么不是毛皮带负电，橡胶棒带正电？为什么不是丝绸带正电，玻璃棒带负电？这是因为不同物质，其原子的得失电子的能力不同。不同物质的物体互相摩擦时，一定是一种物体带正电荷，另一种物体带负电荷。所谓摩擦电序，是指从正负电荷着眼，把物质按照由带正电到带负电排列而成的序列，它也反映了材料捕获别的物质的电子能力从弱到强的排列顺序。

图 1–9 是几种物质的摩擦电序，靠左的物质捕获电子的能力（原子核束缚电子的能力）较弱，较容易失去电子而带正电，而靠右的物质捕获电子的能力较强，较容易得到电子而带负电。两种物质在带电序列中相距越远，摩擦时得失电子的效果越明显，静电产生量越大。静电带电序列对于研究起电和放电特征，选择适当的材料控制静电的危害，有着很重要的意义。不过，即使同种物质的摩擦，也会由于其表面光滑程度不同、纹理差异或温度不同而带电！

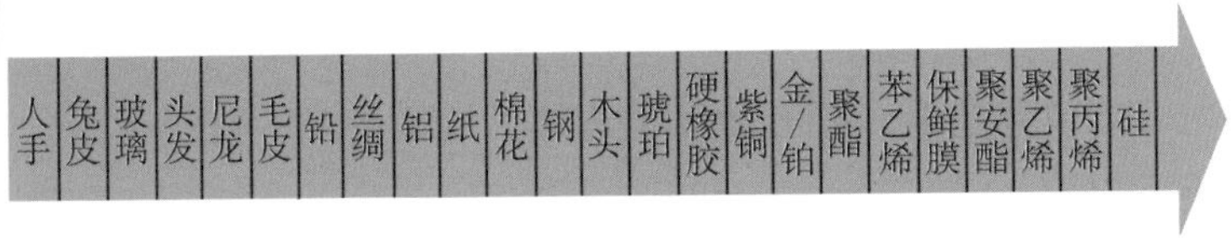

人手	兔皮	玻璃	头发	尼龙	毛皮	铅	丝绸	铝	纸	棉花	钢	木头	琥珀	硬橡胶	紫铜	金/铂	聚酯	苯乙烯	保鲜膜	聚安酯	聚乙烯	聚丙烯	硅

图 1–9　几种物质的摩擦电序

链接

范德格拉夫起电机

在科技馆、实验室或电视中，我们经常能看到如图1-10所示的静电现象。这个能使人体带电的设备是什么？它是如何工作的？

图1-10 科技馆里带正电的金属球使头发竖起来

这个设备叫范德格拉夫起电机，是一种产生静电的装置，由美国物理学家罗伯特·范德格拉夫在1929年发明，故以他的名字命名。其结构如图1-11所示，空心金属球壳放在绝缘支座上，圆柱内为由电动机带动上下运动的丝带（绝缘传送带），金属电刷E与数万伏的直流电源相接，电源另一端接地，由于电刷的放电作用，电荷将不断地被喷送到传送带上。另一金属电刷F与导体球的内表面相连。当带电的传送带转动到电刷F附近时，由于静电感应和电晕放电作用，传送带上的电荷转移到电刷F上，进而移至导体球

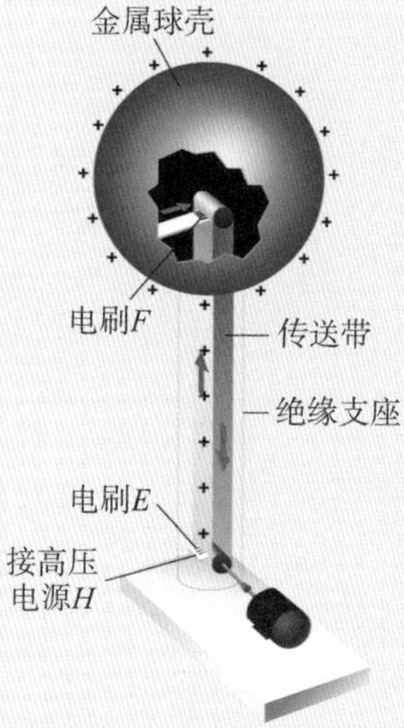

金属球壳
电刷F
传送带
绝缘支座
电刷E
接高压电源H

图1-11 范德格拉夫起电机示意图

链接

的外表面，使导体球壳带电。随着传送带不断运转，球面上的电荷量越来越多，电压也不断增加。

范德格拉夫起电机极易获得非常高的电压，球形罩上的电荷能产生超过百万伏的静电。在核物理实验中，如此高的电压可用来加速各种带电粒子，如质子、电子等。此外，这种起电机也可用来演示很多有趣的静电现象，如使头发竖立起来、吸引发泡胶球、产生电火花、用电使风车旋转等。透过这些现象，我们可以更了解静电的特质。

把琥珀和头发摩擦，结果琥珀会带什么电？琥珀与头发相比，哪种物质的原子核束缚电子的能力较强？为什么？

静电放电

在干燥的冬日，脱毛衣时我们时常听到“噼啪”的声音，如果正好是在黑暗中还会看见微弱的火光；有时手摸金属门把手或开水龙头时，会有触电感觉（图1-12）。我们称这些静电现象为静电放电。静电放电是如何产生的呢？

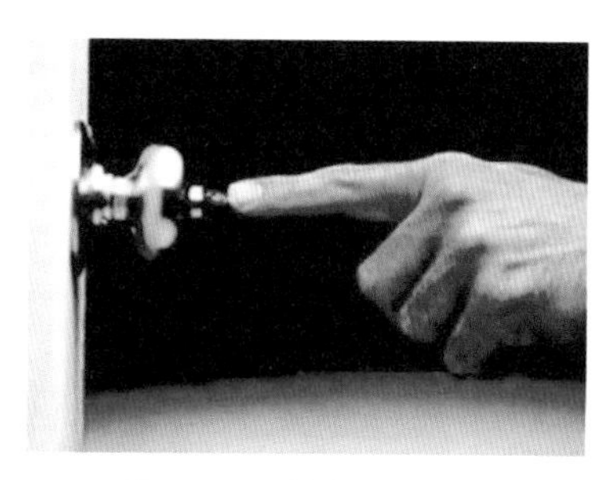

图 1-12　静电放电现象

原来，当物体上的静电积累过多的时候，就会向外释放。通常情况下，放电会产生火花。当电子通过空气在物体之间转移时，加热移动路径周围的空气，直到空气发光，放电其实就是空气导电现象。当你接触门把手或金属物体时，你看到的小火花就是静电放电现象。这是由于你在地毯上行走与地板摩擦等原因，身上累积了大量静电，在手触及金属物前发生了放电。

静电放电会引起电子设备失灵或使其损坏。现代许多高速大规模集成电路碰到仅几百伏或几十伏的静电放电就会遭到破坏。也就是说当人接触这些电路时，可能在人体没有任何感觉的情况下，这块电路就已部分或完全损坏（图1-13）。因此，在电子生产中要对静电采取科学合理的防护措施，以避免或减少静电放电造成的损失。

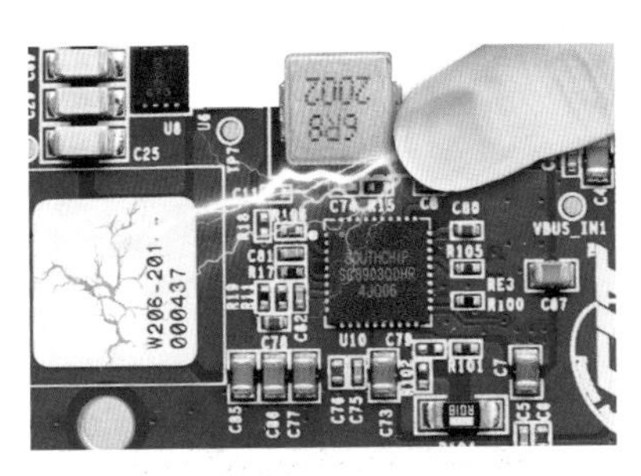

图 1-13　静电放电会使电子设备损坏

闪电是自然界发生的强烈的静电放电现象，它产生一个巨大的电火花。雷雨时，空气猛烈涡旋，使得积雨云中小冰晶和水滴相互摩擦而分别带上正、负电荷，质量小的带正电的冰粒在云层的上部聚集，质量大的带负电的水滴在云层的下部聚集，这样，电子会从带负电的区域转移到带正电的区域，形成强烈的火花放电——闪电。在闪电通道上，强大的电流使空气迅速发热、膨胀而爆炸，从而产生雷声。雷雨时大部分闪电发生在云层的不同区域或不同云层之间，但有些闪电能到达地表，这是因为云层底部的负电荷引起地表静电感应，使地表带上正电荷，电子在云层和地表之间运动，巨大的火花穿越空气，在云层和地表之间跳动，或在云层和地表高大的物体（如树或建筑物）之间跳动。

闪电是非常危险的。为了安全，当你看到闪电或听到雷声时，你应该注意：

- 远离高山，如离开山顶等区域；
- 远离大树和其他高大的物体；
- 如果你感觉到你的头发竖起来了，马上蹲下；
- 不要站在水边；
- 不要打手机；
- 如果你在汽车里，就待在里面并关好车门和车窗；
- 不要触碰电器或任何金属制品。

链接

避雷针

当带电云层靠近建筑物时，建筑物会因感应起电而带上与云层相反的电荷。当电荷聚集到一定程度时，会在建筑物和带电云层之间发生静电放电现象——建筑物遭雷击。雷电直接击中人、畜或建筑物会产生热的或机械的破坏，造成人身伤亡、建筑物劈裂和火灾等事故。

富兰克林的风筝实验给了他很大的启迪，就像风筝上的金属能引下电一样，如果将金属棒安装在建筑物的顶部，再用金属线接到地面，当雷电云层接近建筑物时，金属棒会在顶端聚集电荷，以引导雷电向金属棒放电，再通过接地引下线和接地装置将雷电流引入大地，从而使建筑物免遭雷击。富兰克林据此发明了避雷针，它是早期电学研究中的第一个有重大应用价值的技术成果。

避雷针刚刚出现在中国时，人们以为它可以避免房屋遭受雷击，所以称其为避雷针。但事实上，避雷针保护建筑物的方式并不是避免房屋遭受雷击，而是引雷上身，然后通过接地引下线和接地装置引入地下，从而起到保护建筑物的作用。所以避雷针这一名称并不科学，没有反映出其原理，在2010年出版的国家标准《建筑物防雷设计规范》中，已经将避雷针更名为接闪杆。

静电的危害和防护

静电对人类的生活既存在有利的一面，也存在有害的一面。静电的危害包括妨碍生产、静电电击和火灾爆炸。其造成的危害有静电引力和静电放电两种原因。

静电引力造成的危害　在一些生产过程中，静电常影响其正常生产过程和产品的质量。例如：

- 混纺衣服由于容易带上静电，常出现不易拍掉的灰尘。
- 制药厂里静电吸引尘埃，会使药品达不到标准的纯度。
- 用化纤丝等织布时，由于化纤丝和金属部件发生摩擦而起电，带电的化纤丝相互排斥而松散，产生乱纱。
- 在印刷中，纸张之间摩擦产生的静电常导致纸张无法排列整齐，纸张之间相互粘连，出现漏印等现象。

静电放电造成的危害　静电放电时会损坏电子设备或使人遭受电击，静电放电产生的电火花有可能将可燃物引燃，甚至造成火灾或爆炸事故。例如：

- 高压静电放电造成电击，危及人身安全。
- 汽车收音机在干燥季节里会因车轮和路面摩擦产生静电干扰而无法接收广播信号。
- 在航天工业里，静电放电会干扰航天器的运行，甚至会造成火箭和卫星的发射失败。
- 医院手术台上，静电火花会引起麻醉剂爆炸。

● 静电火花会引起煤矿瓦斯爆炸或石化工厂易燃易爆品的爆炸。

为了防止静电造成危害，我们要尽量避免静电的聚集，并设法消除已积累的静电，以保证安全。例如，对于静电来说，人体相当于导体。要避免人体产生静电，可以穿防静电工作服等；要消除人体已产生的静电，必须使人体与大地之间不出现绝缘现象，及时将电荷传到大地上。

消散静电，防止静电危害的常用措施有：接地、环境增湿、静电消除器、工艺控制、加入抗静电剂等。

接地 飞机飞行时与空气的摩擦会产生静电，所以在飞机的两侧翼尖及飞机的尾部都装有放电刷。飞机着陆时，为了防止乘客下飞机时被电击，飞机起落架上大多使用特制的接地轮胎或接地线，以泄放掉飞机在空中所产生的静电荷（图 1-14）。油罐车行驶时，油与罐体之间的摩擦会产生静电，我们经常看到油罐车或汽车的尾部拖一条铁链，这就是车的接地线（图 1-15）。所以防止静电危害的最简单又最可靠的办法是用导线把设备接地，这样可以把电荷引入大地，避免静电积累。

图 1-14　用导电橡胶做成的飞机轮胎

图 1-15　油罐车尾部的拖地带

加油站是一个需要避免静电的场所，当把油罐车里的汽油抽入加油站的储油罐时，汽油顺着管子流动会因摩擦而产生静电，由于汽油具有易燃性，很容易被一个小火星点燃而引发爆炸。为了减少危害，油管里安装了一种特殊的接地装置，这让电荷在形成静电之前就消失，不会造成任何危害。

环境增湿　提高空气中水蒸气的浓度可在物体表面形成一层导电的液膜，从而提高静电从物体表面消散和泄漏的能力。潮湿的天气里不容易做好静电试验，就是这个道理。环境增湿的常用方法有通风加湿、地面洒水、喷雾等，若条件允许，空气相对湿度在45%以上为宜。

静电消除器　静电消除器是一种能产生正负离子的装置（图1-16），它由高压电源产生器和放电极（一般做成离子针）组成，通过尖端高压电晕放电把空气电离为大量的正负离子，然后用风把大量正负离子吹到物体表面，或者直接把静电消除器靠近物体的表面。与带电物体电性相反的离子就会向带电物体移动，并与带电物体上的电荷中和，从而消除静电积累。

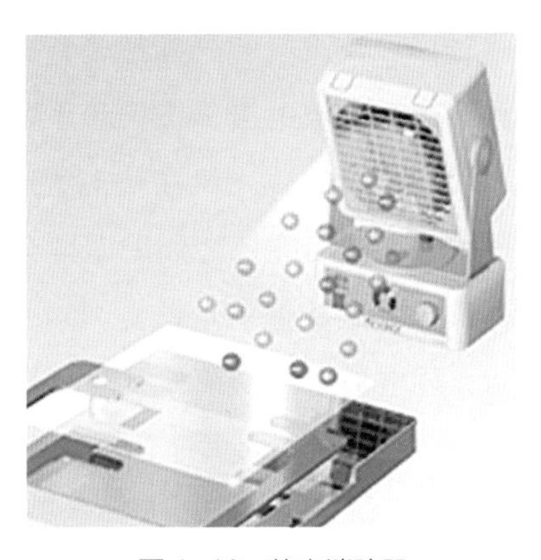

图1-16　静电消除器

常用的静电消除器主要有：离子风机、离子风枪、离子风嘴、离子风蛇、离子风棒、离子风帘、高压发生器等。静电消除器种类的选择要根据使用场合的特点、生产工艺流程来决定。

工艺控制 在一些工厂，比如电子设备厂或者电脑芯片厂，防止静电的产生是非常重要的。因为静电可能会伤害员工、破坏设备或吸收灰尘而污染产品。从工艺流程、设备结构、材料选择、操作管理等方面采取措施，通过降低输送物料的流速和流量，改造起电强烈的工艺环节，采用起电较少的设备材料等，可以限制静电的产生和积累，使之达不到危险的程度。例如，电子电器生产中采用防静电传送带，电子产品常用防静电袋包装，等等。防静电工作台（图 1-17）适用于电子行业和其他对静电有严格要求的地方，使用防静电工作台能够保证生产过程和产品的安全性。

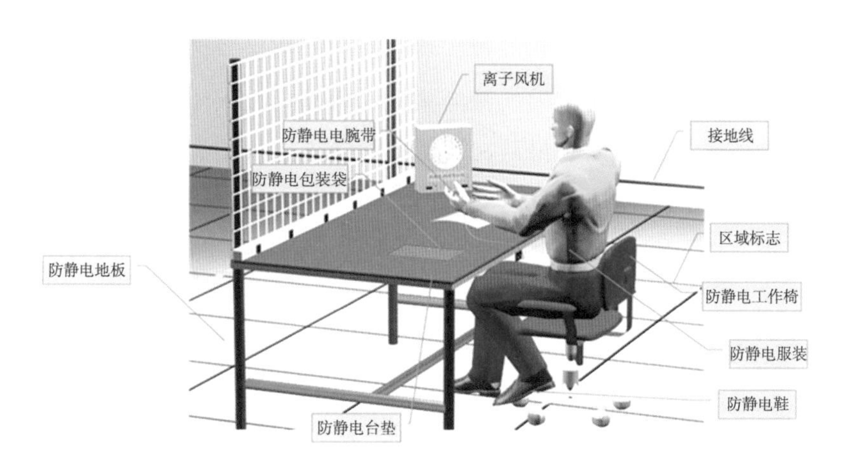

图 1-17 防静电工作台

静电的应用

静电现象与我们的生活生产密切相关，一些静电现象给我们带来了不便，但也有一些静电为我们的生活生产带来很大方便。静电技术已经广泛应用于基础理论研究、信息工程、空间技术、大规模集成电路生产、环境保护、生物技术、选矿和物质分离、医疗卫生消毒、食品保鲜、石油化工、纺织印染、农业生产等领域（图 1-18 至图 1-22），现正在形成一个新兴的“静电产业”。

静电空气净化机 静电空气净化机工作时，气流首先通过前置滤网把较大的尘粒滤掉，然后通过电离区，使尘粒带上电荷。这些带电的尘粒随气流向集尘区运动，被集尘区中带相反电荷的电板所吸附。最后，后置滤网再把空气中剩余的尘粒过滤一遍，把洁净的空气送入室内，以满足人们对高品质生活的追求，以及一些工作对环境的特殊要求。

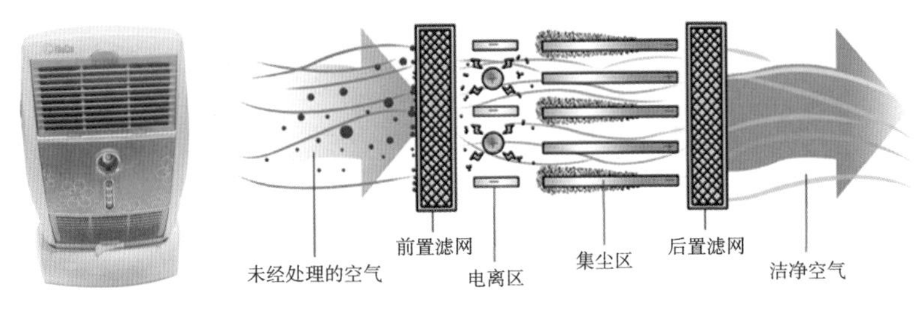

图 1-18 静电空气净化机是利用静电原理对空气进行净化的常用设备

静电喷涂 汽车制造厂生产汽车车体，在大规模喷漆作业时，让车体带上正电而涂料带上负电，这样，喷出的涂料微粒就会受到车体正电荷的吸引，向车体运动并沉积在车体表面。这样做，既能使喷漆快捷、均匀，又能减少涂料的浪费。

图 1–19 静电喷涂

静电喷洒农药 利用飞机给农作物喷洒农药，常采用静电喷洒的技术，其做法是在喷洒农药的飞机上安装静电喷嘴，静电喷嘴内装有一根带正电的针，喷洒过程中农药水珠离开喷嘴时会带有大量正电荷。由于与大地相连的农作物的叶子一般都带负电，受到农作物叶子上负电荷的吸引，带正电的农药水珠的沉降速度将加大，并被吸附到叶子的表面，从而减少了在施药过程中因雾滴漂移而造成的农药流失，成倍地增大了药液对植物叶面的覆盖率和均匀度，增加了药液与害虫、致病细菌等接触的机会，大大提高了喷药效果并降低了用药量。

图 1-20　飞机静电喷洒农药

静电植绒　静电植绒是利用电荷的自然特性产生的一种生产新工艺。通过让绒毛带电，绒毛受到纺织物表面带异种电荷的黏着剂吸引，加速飞到其表面上，这样就使绒毛植在涂有黏着剂的纺织物上，形成像刺绣似的纺织品。

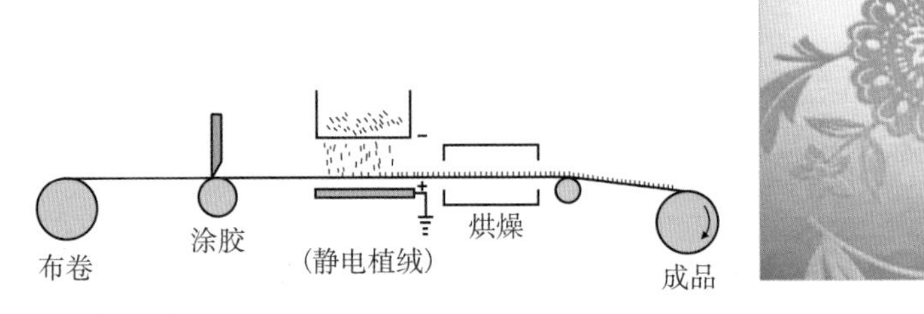

图 1-21　静电植绒

静电复印　复印机利用了静电吸附原理，其中心部件是一个可以旋转的接地铝质圆柱体，表面镀一层半导体硒，叫做硒鼓。半导体硒有特殊的光学性质：没有光照时是很好的绝缘体，能保持电荷，受到光的照射立即变成导体，将所带的电荷导走。

工作原理如图 1-22 所示。图①：复印机的带电滚轴带有一层感光膜。图②：复印机把图像投射到滚轴上。当光照射在滚轴上时，除了有图像的部分外，其他部分的电荷全部被消除。图③：油墨颗粒被滚轴上的电荷所吸引。这些颗粒上的感应电荷使它们黏附在图像出现的地方。图④：油墨颗粒被转移到了复印纸上。图⑤：加热器使油墨颗粒融化，形成永久的图像。

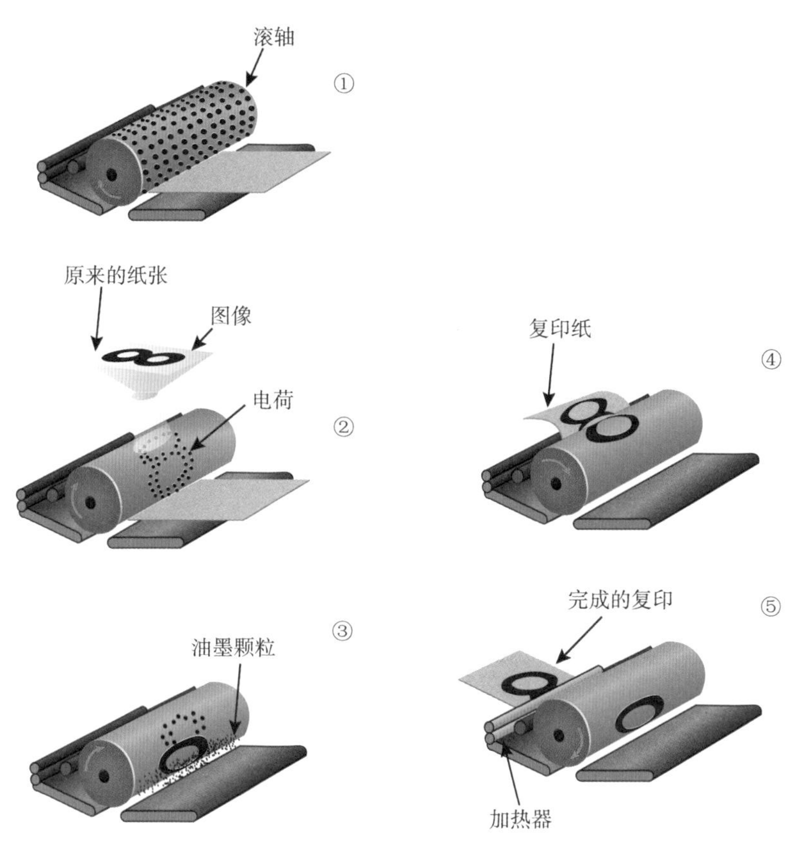

图 1-22　复印机工作过程

链接

静电贴与防静电膜

静电贴是目前市面上最流行的一种隔离保护贴，可贴于窗户、镜子、电脑显示器、玻璃杯、冰箱、汽车玻璃等光滑表面，可以反复撕贴，既环保又卫生，如汽车前挡玻璃上的年检标志静电贴（图1-23）等。

图 1-23　汽车静电贴

制成静电贴的静电膜是一种不涂胶膜（主要是 PE、PVC 材质），它依靠薄膜上的静电吸附来黏附物品，达到胶粘的效果，对物品表面起保护作用。静电膜外部感觉不到静电，是自黏膜，对各种光滑的表面具有很强的黏附力。

图 1-24　防静电膜

防静电膜（图 1-24）是在 PE 原料中加入防静电剂，使其摩擦不产生静电，起到良好的抗

链接

静电效果。防静电保护膜广泛应用于电子元器件生产过程中的表面材料保护和其他需要防止静电发生的地方，如等离子电视屏幕保护膜、手机屏幕保护膜等。

总的来说，静电贴是依靠薄膜上的静电吸附原理，达到胶粘的效果。而防静电膜，则是为了抵抗静电对产品的影响而研制的。

第2章

电流、电池和电路

打开笔记本电脑，你可以看到里面有锂离子电池、印刷电路、各种芯片和其他电子元器件（图 2-1）。笔记本电脑工作时，电路中的电流是怎样形成的？电池是如何进行充电和放电的？印刷电路和芯片是怎样制作出来的？

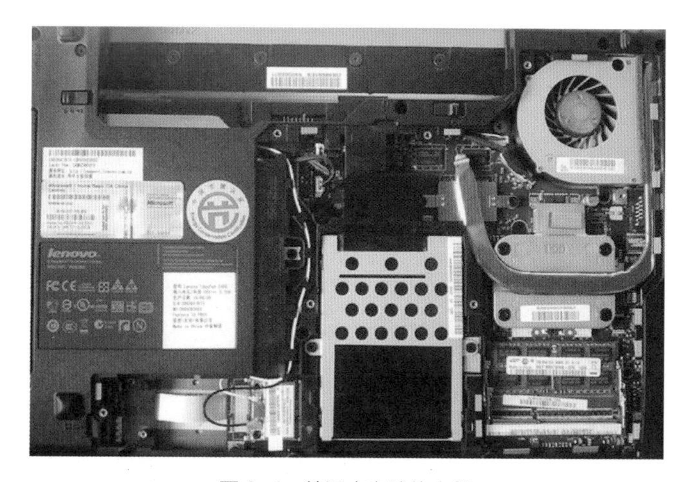

图 2-1　笔记本电脑的内部

不期而遇的电流

电灯发光、电风扇转动、电炉发热，都是因为有电流通过这些用电器。你知道电流最初是怎样被人们发现的吗？

说起来有点奇怪，世界上第一个发现电流的并不是物理学家，而是意大利博洛尼亚大学解剖学和医学教授伽伐尼（图2-2）。

图 2-2　伽伐尼

1780年9月20日，伽伐尼和他的两个助手一起解剖一只青蛙。剖开之后，他将剥去皮的青蛙放在一个起电机旁的金属板上，他的一名助手无意中将手中的解剖刀的刀尖触碰到青蛙小腿上的神经，青蛙的腿发生了剧烈的痉挛。助手被这一现象吓了一跳，嚷了起来："天啊！这只青蛙怎么活了？"助手定了定神看看那只被解剖了的青蛙，发现青蛙的确已经死了。

伽伐尼对这一偶然发生的现象深感奇怪，于是重新做了这个实验，结果观察到了同样的现象。是什么使得青蛙腿发生痉挛呢？

带着这个问题，伽伐尼做了大量相关的实验（图2-3），发现无论是雨天还是晴天，同样的现象都会发生。伽伐尼在实验中还发现，只有当使用相互连接的两种不同金属导体的两端分别触碰青蛙腿时，才会引起青蛙腿的痉挛，而用玻璃、松香、橡胶等绝缘体，或用同一种导体去触碰青蛙腿时，青蛙腿都不会发生痉挛。伽伐尼由此认为：在动物内存在着某种“流质”，它可以在金属的传导作用下从神经传到肌肉。伽伐尼把这种“流质”称为“神经电流体”。他认为：动物内部存在着的这种“动物电”，只有用一种以上的金属与之接触，才能激发出来。正是电流通过动物的神经，才引起了动物体肌肉的运动。

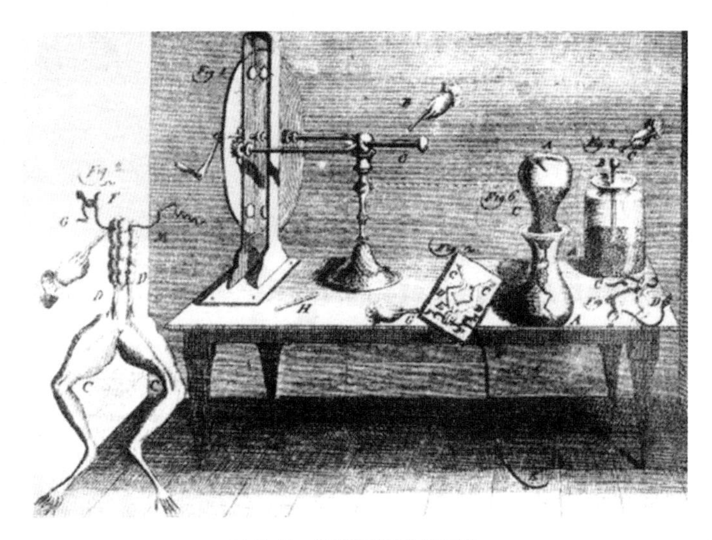

图 2-3　伽伐尼的青蛙实验

作为一名生理学家，伽伐尼虽然未能对引起青蛙腿痉挛的电流的成因作出科学的解释，但他认为是电流引起青蛙腿痉挛的观点无疑是正确的。爱因斯坦曾这样评价伽伐尼的发现:“自从发现电流以后，作为科学与技术的分支部门的电学才有了惊人的发展。偶然的事件能产生重大的作用，这种例子在科学史上是很少见的，这里我们找到了其中的一个例子。”伽伐尼的偶然发现引发了意大利科学家伏特的跟进研究，也促进了伏特电堆的发明，从而使人们从静电的研究跃进到动电的研究。伏特曾真诚地赞扬说，伽伐尼的工作“在物理学和化学史上，是足以称得上划时代的伟大发现之一”。伽伐尼也被人们认为是第一个发现电流的人。

自然现象有时会像一个不懂礼貌的客人，它不约而至，不告而辞。要想捕捉这些稍纵即逝的现象，我们应当具有一双敏锐的眼睛，而要由偶然的现象引发科学的发现，我们对现象还应当怀有极大的好奇心和揭开答案的强烈欲求，进行深入的追问和持续的探究。事实上，早在1752年，有一位名叫祖尔策的意大利学者就曾发现这样一个现象：他将一片铅片和一片银片放在舌尖上，当这两个金属片的另一头连在一起时，他发现舌尖的感觉很奇怪，既不是铅的味道，也不是银的味道。由于一时找不到正确的解释，他就没有再把这件事情放在心上，从而错失了发现电流的机会。现在我们知道了，正是因为有电流通过舌尖，他的味觉才发生了变化。

走进导线看电流

利用金属导线将电池接在一个小灯泡的两端，小灯泡就会发光，这是因为电路中有电流通过。我们知道，电流是电荷的定向运动形成的，说起金属导体中的电流是怎样产生的，你的头脑里可能会出现如图 2-4 所示的一个图像。事情难道就那么简单吗？如果自由电子在电源推动下做定向运动，速度应该越来越快，于是电流不是会越来越大吗？为了回答这些问题，我们需要一个更为精确描述金属中电流如何形成的微观图景。

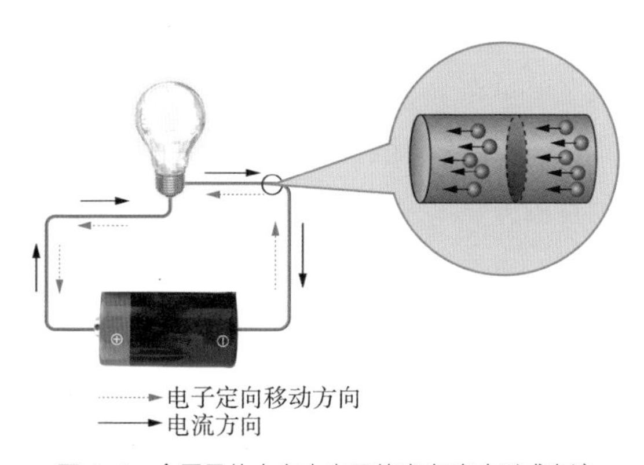

图 2-4　金属导体中自由电子的定向移动形成电流

金属与一般的晶体不同，它的原子的外层电子受原子的束缚较弱，容易脱离原子，形成能够自由移动的电子。这种自由电子的运动从总体上看类似于气体中分子的运动。当没有外加电压时，自由电子以极高的速度（平均大小约为 10^5 米 / 秒）做无规则的热运动，它们朝各个方向运动的概率是均等的。如果在导线中任取一个横截面，相同时间内从两边穿过的电子数相同。从整体效果看，自由电子并没有沿某一方向发生迁移，相当于所有自由电子都处于静止不动。所以不会产生电流。自由电子在做热运动时，还不时会与晶体点阵上的原子实（原子实一般是指除最外层电子外的原子的其他部分，固态金属中的原子实排列成整齐的点阵称为晶体点阵）碰撞，所以，每个自由电子的运动轨迹如图 2-5 中的实线路径所示，是一条曲折迂回的折线。

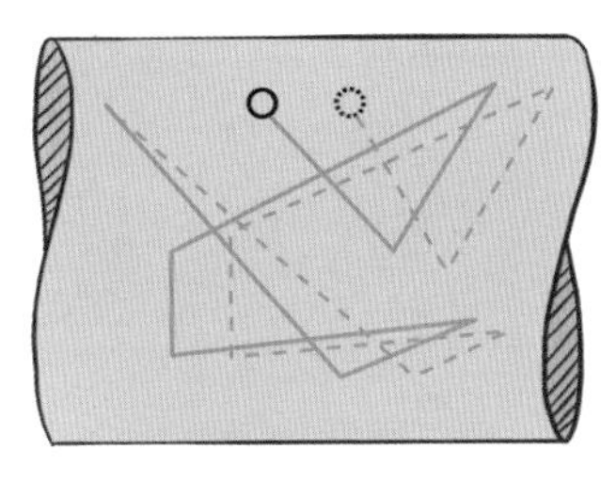
图 2-5　实线表明与原子实撞击着的自由电子以约 10^5 米 / 秒的平均速度做无规则运动的路径。虚线表示施加电压导致原来的路径是如何改变的。自由电子以小于 1 毫米 / 秒的速度朝右侧漂移

当外加恒定的电压时，金属导体中的自由电子就会受到电源的推动作用，此时虽然自由电子仍然做着和气体分子一样的无规则运动，但是电源的推动作用使它们在力的方向上运动的平均速度要比反方向略微快些。这就使得自由电子在做无规则的热运动的同时，附加了一个定向运动，如图 2-5 中的虚线路径所示，这种情景很像气体分子在微风中的运动，即空气分子在无规则运动之上附加了一个定向的运动。你也可以想象另一个类似的情景：如图 2-6 所示，在一个车厢里有一群蜜蜂四处狂飞，而车厢同时非常缓慢地向右移动，即蜜蜂在无规则的纷乱飞舞运动上附加了一个向右的定向运动。在通电导线中，自由电子的定向运动是非常缓慢的，其速度通常小于 1 毫米 / 秒。在典型的汽车电气系统中，电子定向运动的速度平均约为 0.1 毫米 / 秒，比蜗牛的速度还小。

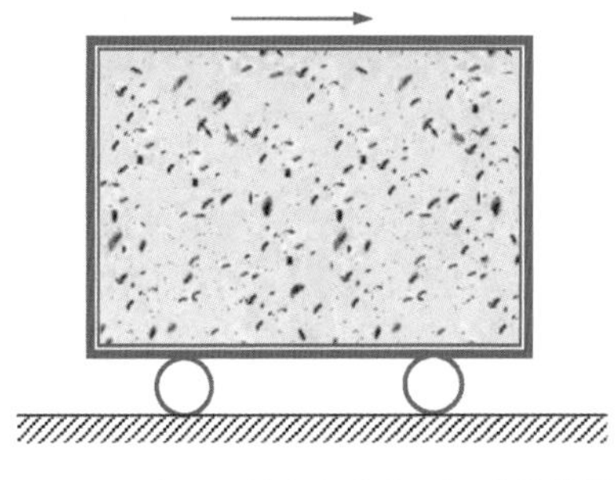

图 2-6　金属导体内自由电子运动的模拟

以这样的速度，电子通过 1 米的电线需要 3 个小时左右！不过因为有大量运动的电子，所以还是可以在电路中形成大电流。由于自由电子只有定向运动对形成电流有贡献，而无规则的热运动对形成电流没有贡献，所以，在分析问题时，我们常常只将自由电子的定向运动单独抽取出来，建立起如图 2-4 所示的简化的微观图景。

如果自由电子在运动过程中毫无阻碍，电源的作用会使自由电子的定向运动越来越快，但是，自由电子在运动过程中会与金属离子（失去电子的原子）发生碰撞，每次碰撞之后，自由电子朝各个方向运动的概率是均等的，所以，从整体上看，每次碰撞之后，自由电子又从静止开始加速。这样，总的效果与电子以某个恒定的速度做定向运动相当。

你可能会问：自由电子的定向运动速度如此微小，为什么我们打开开关时，房间里的灯立即就亮了呢？电子从开关跑到灯泡不是需要十分漫长的时间吗？实际上，形成电流的自由电子并非来自电源，而是早已存在于导线之中。打开开关后，电源的推动作用是以光速传递给导线各处的自由电子，这些电子几乎同时做定向运动，而不是自由电子从开关跑到灯泡中灯泡才会发光。这可用图 2-7 所示的索道作类比，在缆绳各处早已挂有缆车，发动机一开动，动力很快传递到各缆车，所有缆车同时运动起来，而任一辆缆车从某处运动到另一处所需的时间则要长得多，所以，这里必须区分电子定向运动的速度（小于1毫米/秒）与导线内电源对自由电子推动作用的传递速度（3×10^8 米/秒）。我们也可以用如图2-8所示的情景来类比：一支队伍列队站立，指挥员突然发出“起步走”的指令，队伍中所有人同时向前走动。这里，“起步走”的指令声传递的速度是很快的（声速），它可用来类比金属导体中电源对电子推动作用的传递速度（光速），而每一个人步行的速度则要慢得多，它可用来类比每一个自由电子定向运动的速度。

图2-7 发动机动力的传递速度类比电源对自由电子推动作用的传递速度；缆车的运动速度类比自由电子定向运动的速度

图2-8 金属导体中电源对自由电子推动作用的传递与电子定向运动的模拟

我们常把导线中的电流比作水管中的水流，这是因为电流和水流都是由物质的“定向运动”形成的——水流是由水的定向运动形成，电流是由电荷的定向运动形成。但是，两者又存在明显区别，在商店里你买到的是里面没有水的水管，却无法买到里面没有自由电子的导线。这件事也告诫我们，根据不同事物之间的相似性进行类比时，应当注意它们之间的差异性。

生物电

我们日常使用的电都是人工生产出来的，其实电在自然界是普遍存在的。在自然界中，除了闪电这一最为震撼的电现象之外，电更多是存在生物体内的。从原始的单细胞生物到高等动植物，都能不同程度地产生电，人们称之为生物电。不过生物细胞的电压是很微弱的，最大的电压也不过几毫伏，需要用精密的电子仪器才能测量出来。然而有些鱼类却能放出电压很高的电。

电鱼 世界上的电鱼约有 500 多种，其中放电能力最强的是电鳐、电鲶和电鳗。电鳐的发电器形似扁平的肾脏，排列在身体中线两侧，共有 200 万块电板；电鲶的发电器起源于某种腺体，位于皮肤与肌肉之间，约有 500 万块电板；电鳗的发电器呈菱形，位于尾部脊椎两侧的肌肉中。中等大小的电鳐能产生 70 伏左右的电压；非洲电鳐产生的电压高达 200 伏；非洲电鲶能产生 350 伏的电压；有一种南美洲电鳗竟能产生高达 880 伏的电压，称得上电击冠军（图 2-9）。电鱼放电是它们捕获其他动物的一种手段，它能够轻易地把比它小的动物击死，有时还能击晕比它大的动物；也有许多电鱼使用电信号联系其他电鱼和寻找配偶。有的电鱼（如图 2-10 的象鼻鱼）放电的情况还跟水质有关，当水受污染后，它们释放的电信号会大大增强，电鱼的这种放电特性可以用来对水质进行监测。

图 2-9　电鳗能产生 880 伏的电压，能击晕像河马这么庞大的动物，堪称电击的冠军

图 2-10　象鼻鱼也是一种电鱼，它的鼻子像大象的鼻子

人体的神经传输　当你的手不小心碰到火时，你会立即将手缩回，并感觉到疼痛。这个过程中，手部皮肤的感受器受到高温的刺激，产生神经冲动，以电信号的形式通过神经传递到脊髓，并经脊髓传到大脑。脊髓发出缩手指令的电信号，通过神经传递给相关肌肉，完成缩手动作，而大脑的感觉中枢会产生痛觉（图 2-11）。

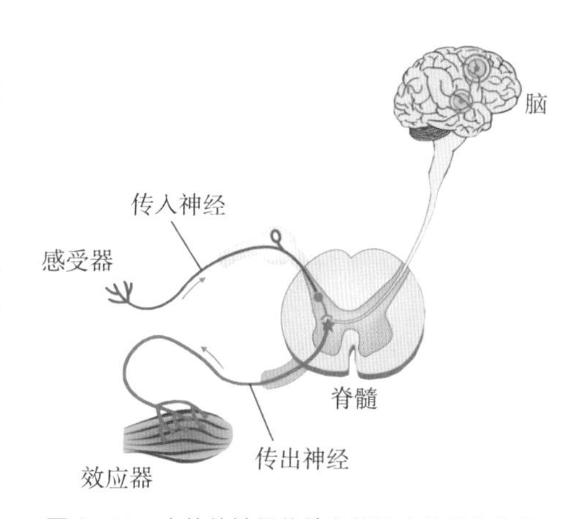

图 2-11　人体的神经传输有赖于电信号的传导

脑电波　人脑中大约有 1000 亿个神经元，很多神经元会同时兴奋，这使大脑成为电活动非常活跃的地方，在任意 1 秒内都会有无数的小电流产生。大脑分成不同的区域，各有不同的作用。有些区域控制心脏和血压，有些区域控制平衡和协调能力。人脑

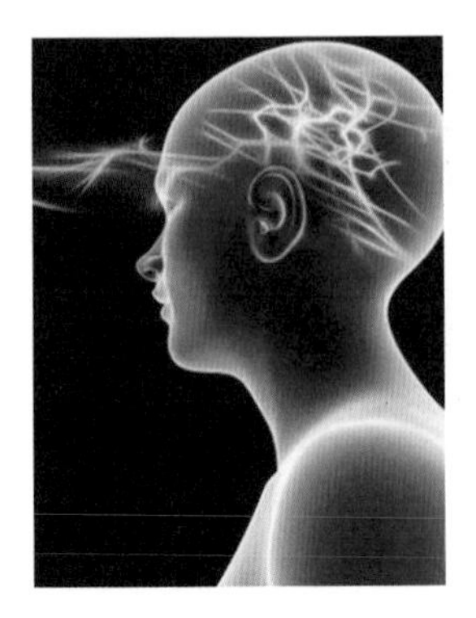

图 2-12　人脑无时无刻不在产生电波

在不同的工作状态会产生不同频率的脑电波（图 2-12），它反映的是一些自发的有节律的神经电活动。例如在放松的状态下，脑电波的频率以 8 ～ 13 赫为主；而在专注的状态下，频率则会增加至 13 ～ 30 赫。

人脑内少量的脑电波会通过颅骨和头皮发出，科学家利用粘在头部不同部位头皮上的电极接收脑电波（图 2-13），并利用精密的电子仪器将接收到的脑电波放大后描绘成脑电图（图 2-14）。利用脑电图，科学家可以研究大脑不同部位的作用，记录大脑微小的活动，例如，当一个人听见声音时，他的大脑对于这种刺激会作出怎样的反应。

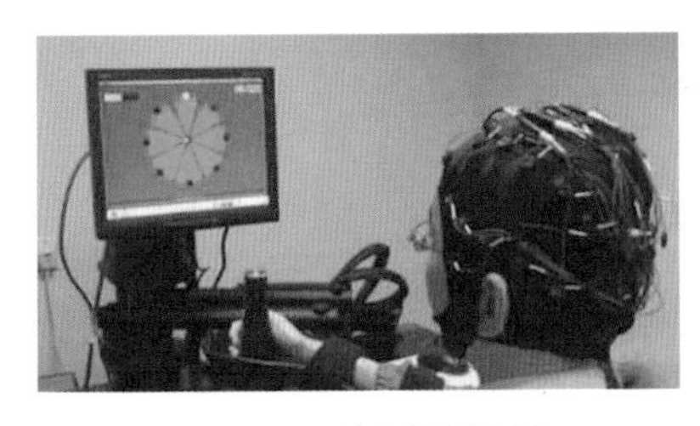

图 2-13　脑电测试仪器

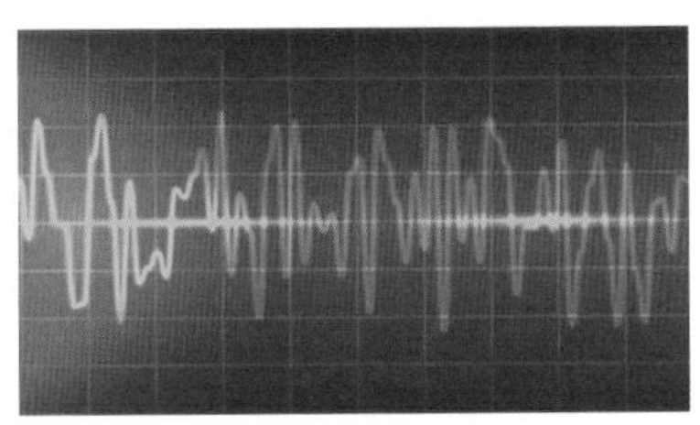

图 2-14　脑电图

脑电图是对数千神经活动的集中反映，科学家们试图解释它所蕴含的信息，但是，迄今还没有人能够准确地知晓这些神经元相互之间传递的信息究竟代表什么意思。研究脑电图，就好像是将一个小麦克风放在一座巨大的体育场内，然后试着仅仅靠声音了解体育场内举行的比赛，人们可以听到其中的喧闹声，知道里面发生了什么重要的事情，但是对事情的实质和细节并不知晓。

尽管脑电波所提供的信息非常有限，但它可以辅助医生，以不开颅的方式去了解大脑的电活动。脑电图还可以帮助医生研究癫痫、精神分裂症、躁狂抑郁症疾病，对诊断病人颅内是否发生病变，如脑中风、脑炎、脑瘤、代谢性脑病变等，也可提供很好的诊断帮助。

电和心脏 心脏跳动是一种特殊节奏的肌肉收缩和舒张，肌肉的收缩要靠电信号刺激。我们更熟悉的是身体的骨骼肌，它们多数情况下会受大脑发出，经由神经传递的电信号控制，而心脏的特殊之处在于它是“自带大脑”的。

以人类的心脏为例，如图 2-15，在右心房靠近上腔静脉的地方有一块被称作窦房结的区域，这里的一些细胞像一个小发电站，它能够产生电信号。这个电信号首先引起心脏上方两个心房的肌肉收缩，把血液推到心脏的两个下心室。一旦下心室充满血液，向下传递的电信号会继续使心脏的两个下心室收缩，于是血液被推向全身各处。你的心脏每跳动一次，就会产生一个小的电信号，从而形成源源不断的循环。一般人心脏每分钟要跳动 60 ～ 100 次，医学上把这个数字叫做心率。当人运动时，肌肉需要血液输送更多的氧气，这就加速了

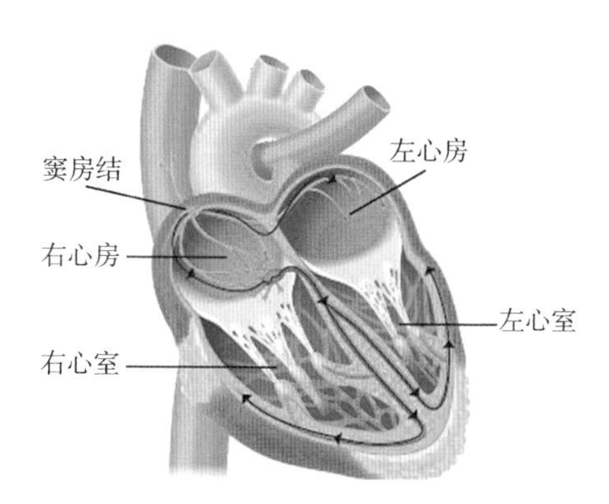

图 2-15 人的心脏的结构

心脏的电脉冲，从而使人的心跳加快，心率上升。

心脏是一个立体的结构，为了反映心脏不同面的电活动，可在人体不同部位放置电极接收电信号。心电图上每一个波峰相当于一次心跳（图 2−16），通过观察波的形状和波峰之间的间距大小，医生能够判断心脏是否有问题，或者病人是否得过心脏病。有时候，病人要在运动器具上走动或跑步，这样可以监测病人在锻炼时心脏的电活动。

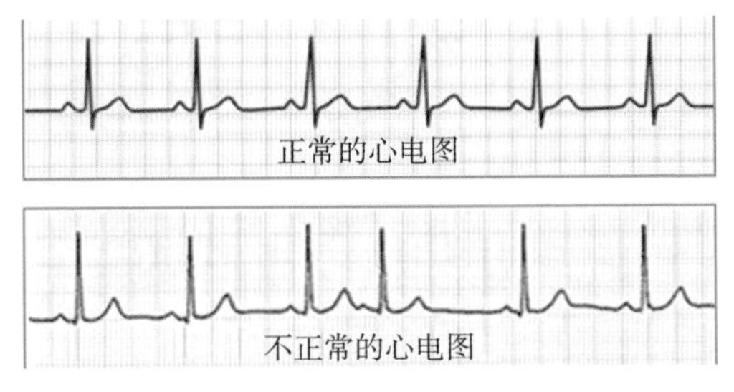

图 2−16　心电图

心电图描述的是电压随时间变化的曲线，心电图记录在坐标纸上，坐标纸由 1 毫米宽和 1 毫米高的小格组成。横坐标表示时间，纵坐标表示电压。通常采用 25 毫米 / 秒纸速记录，横坐标 1 小格（1 毫米）=0.04 秒。纵坐标 1 小格（1 毫米）=0.1 毫伏。

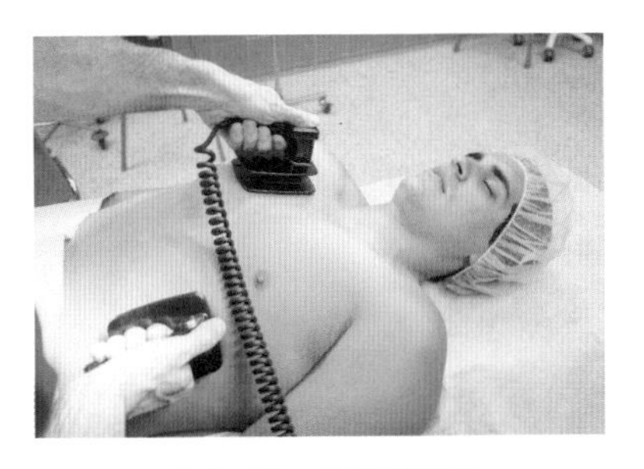

图 2−17　心脏除颤器

你是否见过这样的情景，病人的心脏停止了跳动，医生使用一种叫做心脏除颤器的设备对病人进行电击（图 2−17），以此来重新启动心脏的电信号。心脏除颤器包括两个电极（叫做叶板），还有一个产生电击的设备。一个叶板放在胸部的右方，另一个叶板放在胸部的左下方。心脏除颤器产生的电流不至于对人造成伤害，但可以恢复人的心脏跳动。

植物电 与动物不同，植物没有神经系统，没有肌肉，不会感知外界的刺激。但也有一些植物会表现出对外界刺激作出反应

链接

心脏起搏器

如果人的心率过低，身体从心脏获得的血液量不足，就容易出现头晕、虚弱和疲倦等现象。对此，可以将一种电子治疗仪器——心脏起搏器（图2-18）植入病人的胸腔内，置于心肌之上，胸骨上方，它的导线沿着血管延伸至心脏。心脏起搏器能在心跳不够快的时候有节律地发出电脉冲，通过导线和电极传输到电极所接触的心肌（心房或心室），使局部心肌细胞受到外来刺激而产生兴奋，并向周围心肌传导，导致整个心脏兴奋进而产生收缩活动。

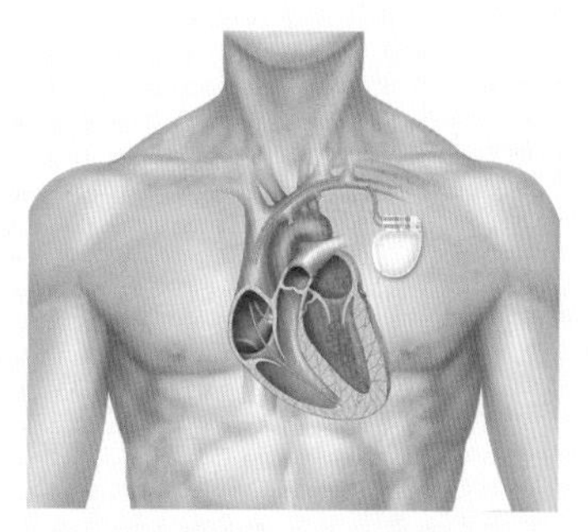

图2-18 心脏起搏器

图 2-19　含羞草

的行为，这种反应也是利用生物电来完成的。例如，有一种草叫做含羞草（图 2-19），它在受到外界触动时，叶柄下垂，小叶片合闭，犹如是“害羞”了。含羞草被触碰后叶片会闭合，是因为叶片在感受到刺激时，其叶片的一些部位的细胞内外会产生电荷的运动和电压的变化，由此导致细胞液泡内水分瞬间排出，压力发生变化，从而带动叶片活动，使得叶片闭合。

又如，捕蝇草（图 2-20）是一种非常有趣的食虫植物，它的叶的顶端上长有一个酷似贝壳的捕虫夹，能分泌蜜汁，当昆虫进入叶面部分碰触到感觉毛时，两瓣叶就会迅速闭合将其夹住，并消化吸收。捕蝇草之所以能够捕蝇，是因为在叶片的感觉毛的基部有一个膨大的部分，里面含有一群感觉细胞。昆虫推动了感觉毛，使得感觉毛压迫感觉细胞，感觉细胞便会发出一股微弱的电信号，并传导到捕虫器的所有细胞。当叶上的细胞得到感觉细胞所发出的电信号，其内侧的细胞液泡便快速失水收缩，使得两瓣叶向内弯折而闭合。

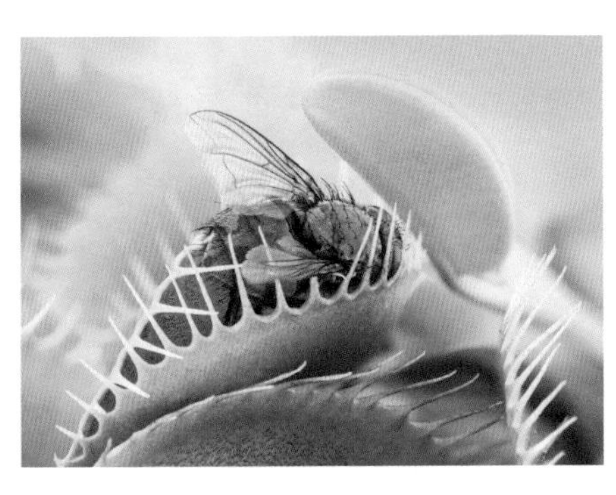

图 2-20　捕蝇草

形形色色的电池

自从伏特发明了世界上第一个电池以后，电池已被人类广泛地使用。由于电池结构简单，携带方便，充放电操作简便易行，不受外界气候和温度的影响，利用电池可以得到长时间稳定的电压和电流，因此，它在现代社会生活中的多个方面发挥着很大作用。空调、电视机遥控器里装的是干电池；手机、手提电脑里使用的是锂离子电池。层出不穷的新型电池使电池的性能更优、作用更大。

伏打电堆　如图 2-21 所示，伏打电堆实际是一个将不同导体按一定顺序排列起来的装置。意大利物理学家伏特在实验中发现，任何两种不同的金属接触时，都会在两个接触面之间产生大小不同的电压。他将几十片铜片和锌片相互穿插叠放，铜片与锌片之间填上一层用盐水浸湿的布料，这就在铜片与锌片之间形成了电压，铜片为正极，锌片为负极。

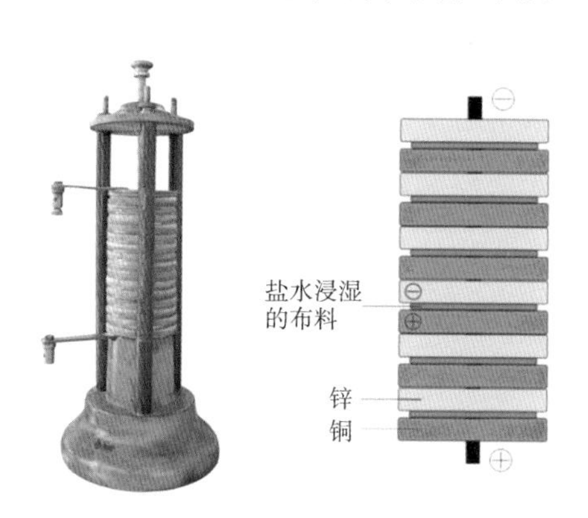

图 2-21　伏打电堆及其结构示意图

干电池　干电池是生活中普遍使用的一种电池，因为其内部的电解质是一种不能流动的糊状物，所以称为干电池。普通干电

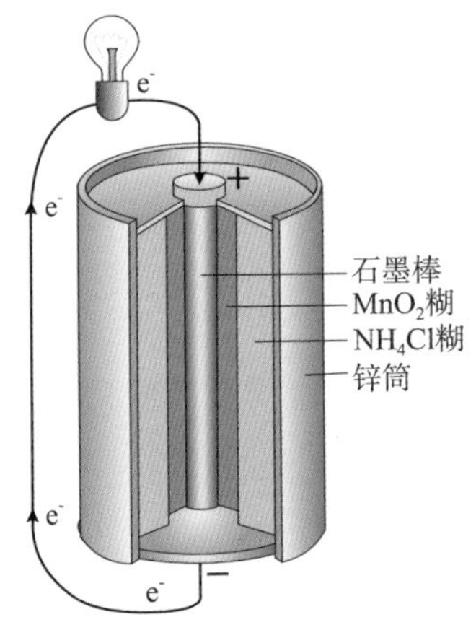

图 2-22　干电池结构示意图

池大多是锰锌电池（或称碳锌电池），其结构如图 2-22：中间的石墨棒是电池的正极，外包糊状的二氧化锰，最外层的锌筒是电池的负极，糊状电解质是氯化铵溶液。电池工作时负极锌筒失去电子变成锌离子，锌离子进入电解质中，而电子通过外部电路到达正极的石墨棒，从而使电路形成电流。这种电池放电之后不能充电，属于一次电池。

铅酸蓄电池　燃油汽车发动机的启动需要电，点亮汽车车灯也需要电，这些电都是靠铅酸蓄电池（图 2-23）提供的。铅酸蓄电池是最常见的可充电电池，它用二氧化铅板做正极，用铅板做负极，两极插在稀硫酸中。当铅酸蓄电池工作时，电池的负极铅失去电子变成的铅离子，与溶液中的硫酸根离子反应，生成硫酸铅（以固体形态附在负极上）；电池的负极铅失去的电子通过外电路到达电池的正极，电池的正极二氧化铅得到电子变成的铅离子与溶液中的氢离子和硫酸根离子反应，生成硫酸铅（以固体形态附在正极上）和水。充电时，外部电源促使电池两极发生反应，电池正极上的硫酸铅变为二氧化铅，电池负极上的硫酸铅变为铅。

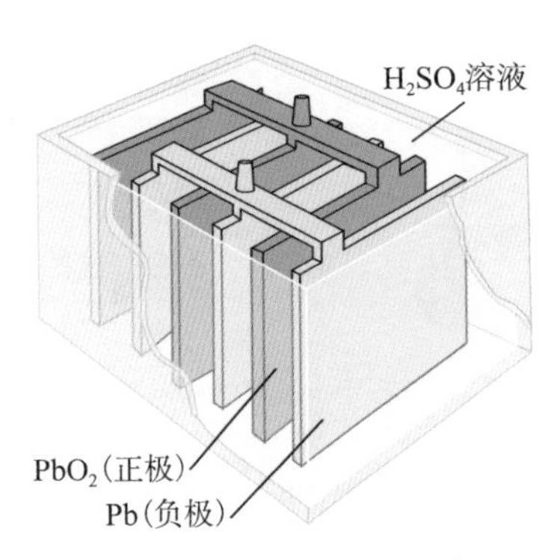

图 2-23　铅酸蓄电池结构示意图

锂离子电池 锂离子电池通常俗称为锂电池（图2-24），是现代高性能电池的代表。锂离子电池的正、负极相当于锂离子的两个临时仓库，充电时，含锂材料的正极上生成的锂离子经过电解质运动到负极，并嵌入其中；放电时，锂离子从负极脱出，经电解质嵌入正极。因充、放电过程中锂离子的循环运动，锂离子电池也被形象称为“摇椅电池”。

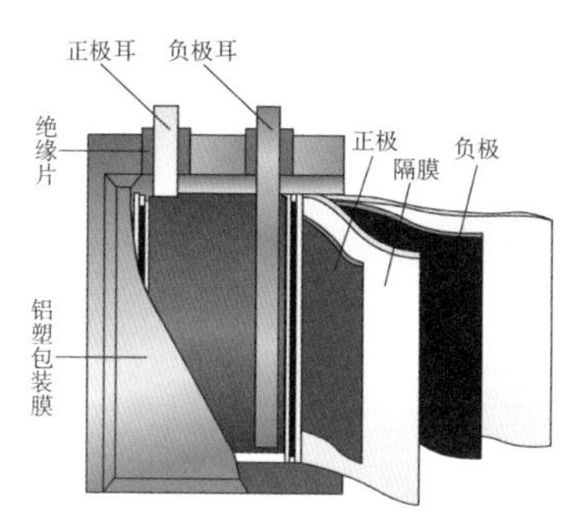

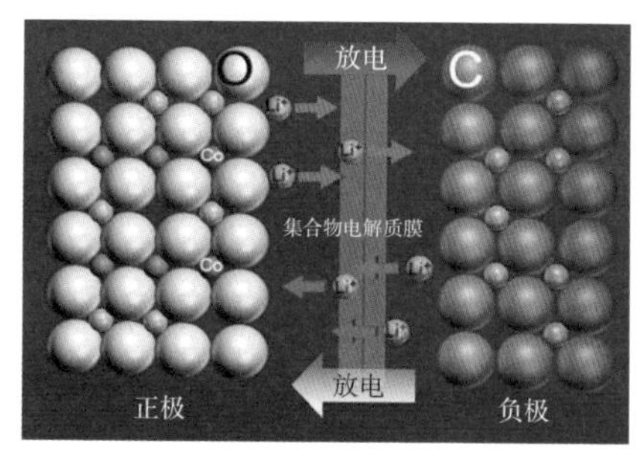

图2-24 锂离子电池主要结构和工作原理

纳米电池 纳米电池即用纳米材料制作的电池。纳米电池把电池正负极材料纳米化，利用纳米材料特殊的微观结构和物理化学特性，极大地减小了电池的体积，提高了电池的容量和充放电的性能。纳米锂离子电池主要用于手机、笔记本电脑和平板电脑、电动车等一系列设备中，将有非常美好的发展前景。

中国科学家已开发了多种纳米材料，用于制作锂离子电池的电极，使这类电池拥有更快的充电速度和更大的电池容量，其中，利用新型纳米材料石墨烯制造出的首款石墨烯基锂电池，只需充电10分钟，就有可能支持环保节能汽车行驶1000千米！浙江大学高分子科学与工程学系已研制出用石墨烯薄膜做铝电池电极的新型

图 2-25　柔性铝—石墨烯电池点亮 LED 灯

铝—石墨烯电池（图 2-25），短短几秒便可充电完成，循环充放 25 万次后依然保持极高的容量。这种新型电池是柔性的，反复弯折也不影响它的性能；而且可在零下 40 摄氏度到 120 摄氏度的环境中工作，既耐高温，又抗严寒（图 2-26），即使电芯暴露于火焰中也不会起火或爆炸（图 2-27）。铝—石墨烯新型电池给我们展示了美好的前景：比如，手机充电数秒就完成，在极寒和高温环境中能工作，既不用担心电池爆炸，又不用担心电池老化。

图 2-26　电池浸在冰盐浴中工作

图 2-27　电池在火焰中工作

温差电池　将两种不同的金属 A 与 B 接成闭路，当两个接头处保持不同的温度时，回路上就会产生温差电压，形成电流（图

2-28）。例如，铁与铜的冷接头处为1摄氏度，热接头处为100摄氏度，即可产生5.2毫伏的温差电压，这种电路称为温差电偶或热电偶。将若干个温差电偶串联起来，可以做成温

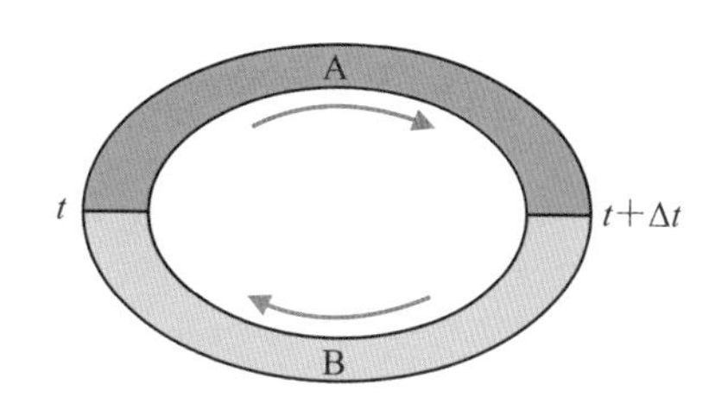

图 2-28　温差电偶

差电池，实现内能直接转化为电能（图2-29）。温差电池的材料有金属与半导体，金属材料温差电池产生的温差电压较小，可用来制造热电偶温度计（图2-30）。半导体材料温差电池能使内能高效转化为电能，许多半导体温差热电偶串联起来，可以得到足够高的电压，形成温差发电机。这种温差发电机质量小，持续供

图 2-29　体热发电。这个小手电内置温差电池，只要环境温度低于手指温度，手指一按即可发光

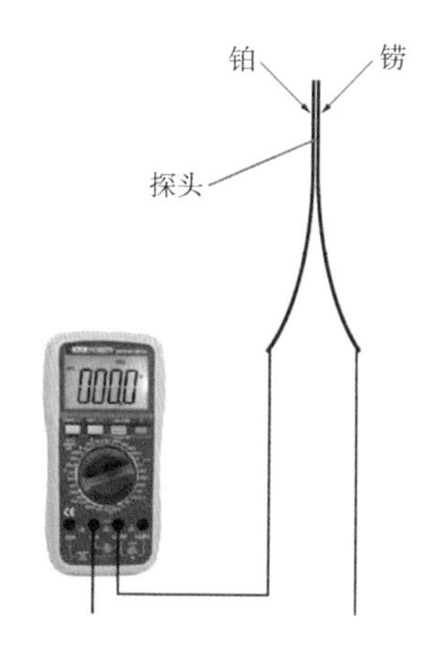

图 2-30　热电偶温度计结构示意图。热电偶温度计通常由铂、铑等合金组成，测温范围可达 −200 ～ 1000℃，测量准确度高达 10^{-3}℃。当探头与被测物体接触时，即有电流通过仪表，仪表再将电流值转化为温度值

链接

鲨鱼对水温的感知

科学家发现，鲨鱼鼻子的皮肤里有一种胶体，其中布满了对电流非常敏感的神经细胞。这种胶体能把海水温度的变化转换成电信号，传送给神经细胞，使鲨鱼感知到温度微小的变化。鲨鱼的这种能力有利于它们在海水中觅食。

科学家猜测，其他动物体内也可能存在类似的胶体，这种因温差而产生电流的性质与半导体材料的热电效应类似。人工合成这种胶体，有望在微电子工业领域获得应用。

哺乳动物靠细胞表面的离子通道感知温度。外界温度变化导致带电的离子进出通道，产生电流，刺激神经，从而使动物感知冷暖。与哺乳动物的这种方式不同，鲨鱼利用胶体，不需要离子通道也能感知温度变化。

电时间长，已在宇宙飞船上得到成功的应用。

核电池　核电池也称原子能电池，它是利用放射性同位素衰变时产生的能量，经热电偶等热电感应材料产生电能的装置。

一般核电池的外形与普通干电池相似，在圆柱的中心密封有放射性同位素源，它外面是热电偶式的换能器，换能器的外层为防辐射的屏蔽层，最外面一层是金属筒外壳。美国“好奇号”火星探测器上装载的核电池（图 2-31）由两部分组成：一个装有钚

238 二氧化物的热源和一组半导体热电偶。

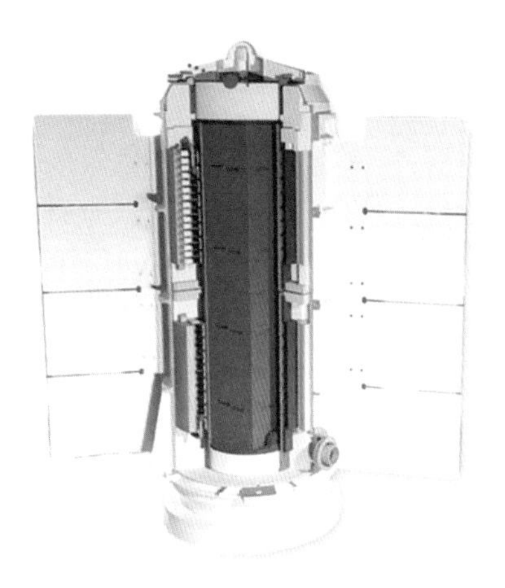

图 2-31 “好奇号”上的核电池包含 4.8 千克的核燃料，功率约 140 瓦，至少可以保证 14 年的供能

核电池具有体积、质量小和寿命长的特点，美国密苏里大学计算机工程系一个研究组研发出的核电池（图 2-32）体积只是略大于 1 美分硬币（直径 1.95 厘米，厚 1.55 毫米），但电力是普通化学电池的 100 万倍。用来制造核电池的同位素工作时间非常长，甚至可以达到 5000 年。此外，核电池的工作不受温度、化学反应、压力、电磁场等外界环境的影响。目前，核电池主要应用于医学领域（如用于心脏起搏器），航天领域（如用于对电源要求特别严格的卫星、宇宙飞船等），航海、航空导航等领域，微型电动机械，电动汽车，等等。未来，不仅是在我们身边，在极地、海岛、高山、沙漠、深海等条件恶劣、交通不便的地方，核电池都大有用武之地，另外，诸如远离人类服务中心的自动无人气象站、浮标和灯塔、地震观察站、飞机导航信标、微波通信中继站、海底电缆中继站等都可以借助核电池收到更好的工作效果。

图 2-32 与硬币大小相当的核电池产生的电力是普通化学电池的 100 万倍

美国是在航天器上使用核电池最早的国家。1958年，美国发射的第一颗人造卫星“探险者1号”，上面的无线电发报机就是由核电池供电的；美国“旅行者1号”行星探测器（图2-33）正是因为使用核电池，才创造了世界卫星远航史上的辉煌纪录，目前它是离地球最远（飞行近200亿千米）和飞行速度最快的人造卫星，它用了36年的时间，飞行到了太阳系的边缘。我国也开始在航天器上使用核电池，随“嫦娥三号”登月的我国首辆月球车“玉兔”（图2-34）也装载了核电池。该核电池可持续工作30年，它对月球车在月夜环境下的保温至关重要。这使我国成为美俄之后第三个将核动力用于太空探测的国家。

图2-33 美国“旅行者1号”行星探测器

图2-34 我国首辆月球车上装载了核电池

由于放射性同位素原料具有放射性核辐射污染的危险，必须妥善防护。而且一旦电池装成，不管是否使用，随着放射性源的衰变，其电性能都要衰降。同时，相比传统的电池，核电池成本更为高昂，这都成为它进入民用市场的最大障碍。但是，随着科技的进步，核电池由于其优异的特点必将取得快速的发展。

印刷电路

一个复杂的电子设备拥有数目众多的电子器件，要将这些器件用导线进行焊接连成电路，其内部将非常混乱，操作的工艺也非常烦琐。鉴于这一问题，奥地利电气工程师保·艾斯勒早在1936年就发明了印刷电路。所谓印刷电路，是指在一块敷有铜箔的绝缘板上打孔安装元器件，元器件的引线焊接在敷铜面上，利用敷铜面制成的铜箔导线完成电路连接的一种电路结构。因为敷铜面制成相应的连接导线的工艺需要腐蚀或光刻，很像印刷技术，所以称为印刷电路（图2-35）。印刷电路无需导线连接，只需按设计电路将元件引脚与铜箔盘焊接即可。与用导线连接的电路相比，印刷电路具有结构紧凑、操作简便、精度高、生产效率高等优点。由于印刷电路可以将电子线路图缩小制版，从而为集成电路的产生准备了条件。印刷电路的元器件依托电路板形成整体结构，具有优良的绝缘性能与很好的机械强度，不会产生元器件移位现象，所以，电路的安全性和稳定性更高。现今所有的电子产品都使用了印刷电路。

图2-35　电路元器件焊接在印刷电路板上

印刷电路板是将各个电子元器件连接成电路的平台和基础，其制作方法有多种。图 2-36 所示是其中一种制作方法:（1）在绝缘底料上覆盖一层铜箔，再覆盖一层特殊的感光材料。（2）把一层不透光胶片覆盖在感光材料上，胶片上印着透光的电路线条。接着用紫外光照射，印有电路线条的部位下方的感光材料被光照后生成一种抗腐蚀的物质。（3）用酸腐蚀掉未被光照的感光材料及下面的铜箔。电路线条完好无损。（4）把残留的感光材料剔除，只留下铜电路部分。

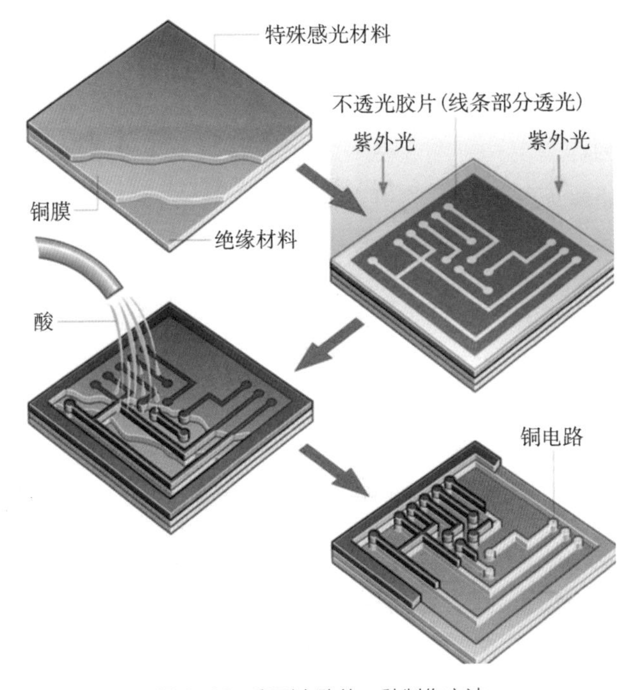

图 2-36　印刷电路的一种制作方法

集成电路

如今电子计算机已经非常普及，从世界上第一台电子计算机到现在的电子计算机，电子计算机已经发生翻天覆地的变化。

世界上第一台电子计算机（图2-37）里面的电路使用了17468只电子管、7200只电阻、10000只电容、50万条线，耗电量150千瓦，它是一个占地170平方米、质量高达30吨的庞然大物，但其运算速度1秒钟只有5000次，而现在运算速度高达几十亿次的电子计算机却小得犹如一本笔记本。我们之所以能够做到电子设备的微型化，得益于集成电路的使用（图2-38）。

图2-37　世界上第一台电子计算机

图 2-38 电脑芯片是集成电路的载体

集成电路是通过氧化、光刻、扩散、外延、蒸铝等半导体工艺，把一个电路中所需的电阻、电容、电感、晶体管等元件及布线集成在一起，制作在一小块或几小块叫做芯片的半导体晶片上，具有特定功能的微型电路。如图 2-39，一块比指甲还小的集成电路可以容纳成千上万个二极管、三极管和电阻等元件。要是使用普通的元件，其电路恐怕要有一个房间那么大。在一些芯片上，两个元件之间的间隔只有人头发直径的 1/50，电子信号能够以极快的速度通过集成电路，从而实现信息传输的高速化。

集成电路具有体积和质量小、引出线和焊接点少、寿命长、可靠性高、性能好、成本低等优点，便于大规模生产。它不仅在工业、民用电子设备（如收录机、电视机、计算机）等方面得到广泛的应用，同时在军事、通信、遥控等方面也得到重要的应用。

图 2-39 比指甲还小的芯片上容纳了成千上万个电子元器件

第3章

物质的导电性

在日常生活中我们经常使用插头。如图 3-1，插头的几个插脚是用铜制成的，而固定插脚的壳却是用塑料制成的，这是因为不同的物质，导电的性能不同。有的容易导电，有的不容易导电。不同材料的导电性能为什么会不同？材料的导电性在实际生活中有哪些应用？

图 3-1 插头

金属和电解液导电

我们知道，所有输电的导线都是用金属材料制成的，金属是最重要的导体。金属为什么能导电呢？

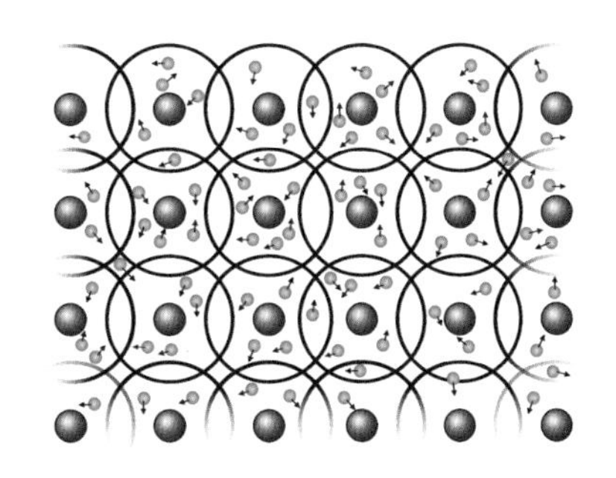
图 3-2　金属中的自由电子模式图

原来，金属容易导电是由于在金属内部有大量电子可以摆脱原子的束缚，从一个地方自由移动到另一个地方（图 3-2），这些电子叫做自由电子。通常情况下，金属每立方米体积内的自由电子个数的数量级为 10^{28}，比相同体积空气中的空气分子个数的数量级 10^{25} 多1000倍，故称为电子气。金属导体就是依靠自由电子的移动而实现导电的。

纯净的水是不会导电的，但电线掉在水中时，常发生人触电的事故。这又是为什么？

实际上，生活中所用的水中溶有大量酸、碱、盐等其他物质，而酸、碱、盐的水溶液容易导电。这是因为酸、碱、盐在它们的水溶液中会离解成可以自由移动的离子。例如，盐酸溶液中，盐酸分子离解成带正电的氢离子和带负电的氯离子，氢氧化钠溶液中，氢氧化钠离解成钠离子和氢氧根离子，氯化钾溶液中，氯化钾离解成钾离子和氯离子。当给溶液接上电源时，其中的正离子

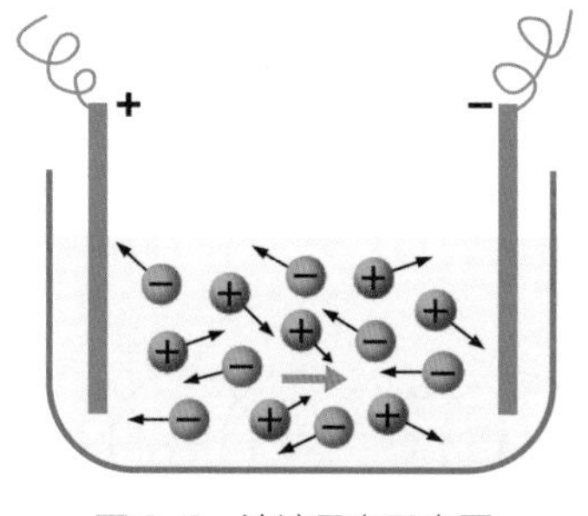

图 3-3　溶液导电示意图

移向阴极（与电源负极相连接的电极），负离子移向阳极（与电源正极相连接的电极），从而形成电流。这些具有离子导电性的溶液称为电解液。电解液的导电属于单纯的离子导电，其中载流子是正、负离子（图 3-3）。

蒸馏水中溶解食盐之后能够导电，但蒸馏水中溶解蔗糖后却不能够导电。你知道这是为什么吗？

气体导电

白炽灯发光的原理是由于灯丝通电时受热，当温度升高到一定程度时发出了光。那么，日光灯又是如何发光的？

在通常情况下气体的自由电荷极少，是良好的绝缘体。但是，如果由于某种外加因素使气体中的分子发生了电离，分离成离子和电子，它便可以导电，气体就变成导体，这种现象称为气体导电或气体放电。可见，气体是靠离子和自由电子导电的。

常见的气体放电灯，如日光灯、霓虹灯、高压汞灯、氙灯等的灯管中都充有一定量的气体（图3-4），通电时灯丝也会发射电子。当在灯管两端的电极间加上一定的电压时，外加电压迫使电子和正离子分别向阳极和阴极运动，此时灯管内的正离子和电子数量很少，故所形成的电流十分微弱，在通常情况下可以忽略不计。但是，若灯管中的气体相当稀薄但不是真空，灯管两端电极上加的电压足够高，电子在向阳极运动的过程中可以得到很大的动能，它们和气体分子碰撞时，可以使中性分子发生电离，其中带负电的电子被释放出来，原先的中性分子则成为带正电的正离子，即所谓碰撞电离。同时，在正离子向阴极运动时，由于以很大的速度撞到阴极上，还可能从阴极表面上打出电子来，这种现象称为二次电子发射。碰撞电离和电子二次发射使气体在很短的时间内出现了大量的电子和正离子。在外电压作用下，这些电子和正离子向相反的方向运动，气体中就有了电流通过。日光灯就是靠两极的高压击穿日光灯的水银蒸气，使水银蒸气电离导电产生紫外线，激发荧光粉发光（图3-5）。自然现象中，雷雨时天空中的闪电也是由于空气被电离而形成的。

图3-4　光彩夺目的霓虹灯

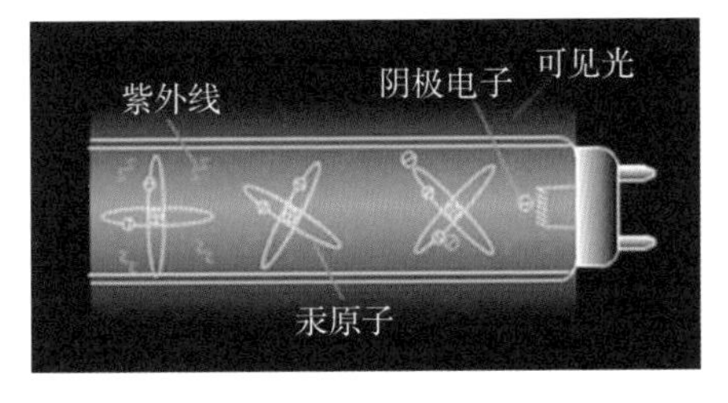

图3-5　日光灯发光原理

链接

大气电离层的形成

由于受地球以外射线（主要是太阳辐射）对原子和空气分子的电离作用，距地表 60 千米以上的整个地球大气层都处于部分电离或完全电离的状态，电离层是部分电离的大气区域，完全电离的大气区域称磁层。除地球外，金星、火星和木星也有电离层。电离层存在相当多的自由电子和离子，能使无线电波改变传播速度，发生折射、反射和散射。由于它影响到无线电波的传播，研究它有非常重要的实际意义。

细菌导电——生物电池的突破性进展

丹麦奥胡斯大学的一名微生物学家在研究海底沉积物时发现一种细菌（图 3-6），能在几厘米的距离上导电，它们通过自己组成的“电线”，连接泥底的食物和上层的氧气，被称为活的“海底电线”。

研究人员发现，这些细菌在海底沉积物中竖直排列，当把不导电的钨片横着插入细菌中时，细菌会发生短路，电流也中断了。

此外，如果安放滤片阻止细菌生长，电流就会消失，除非滤片的孔足够大，细菌可以从中通过。在显微镜下，这种细菌看起来很像电子设备中的电线（图 3-7）。每个细菌在纵向都有 15 至 17 根能够导电的纤维，每一根都是由许多相连的细胞组成的，这些细胞每一个只有几微米长。在显微镜下可以直观地看到，这种新发现的细菌非常微小，直径是人类头发直径的百分之一。

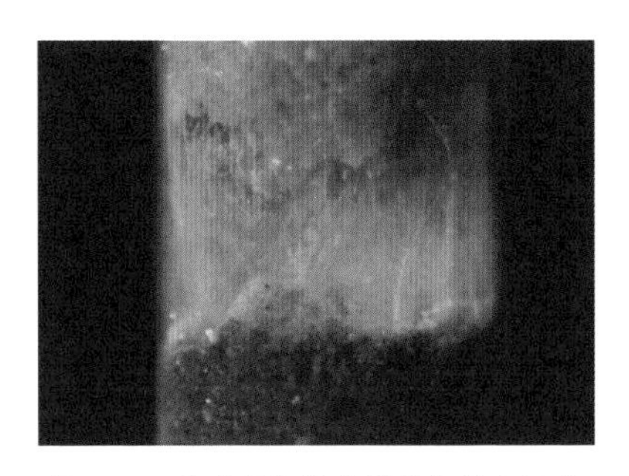

图 3-6　海底沉积物中发现的导电细菌

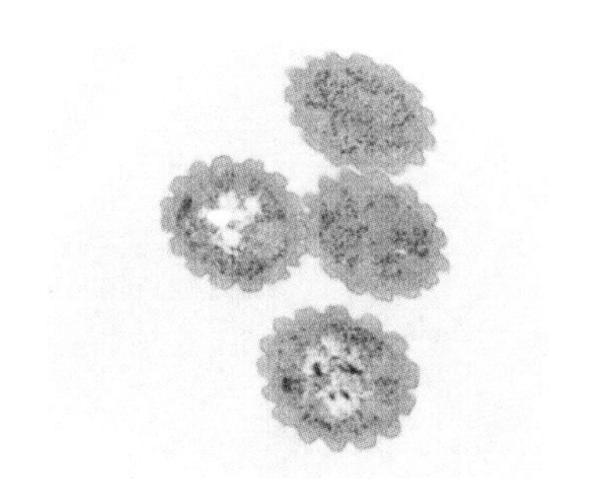

图 3-7　这种细菌的横切面，周围的小突起是可以导电的纤维

为什么细菌会进化出导电这一不同寻常的能力呢？原来，在海底几厘米之下蕴涵着巨大的能源储藏——大量的硫化物（含有负二价硫离子）。这些硫化物是能量丰富的电子供体，但它们要释放能量必须为这些电子找一个去处——通常而言就是氧气。因为海底环境中缺乏氧气，大部分生物无法使用它们，而这种细菌找到了解决方案——用一条导线把泥底的食物和上层的氧气连接起来。在底部的泥浆里，细菌从硫化物里获取能量，然后把电子送到上面去；而在顶部富含氧气的海水里，细菌就可以利用充足的氧气接受送来的电子，完成呼吸过程。这就像是修了一条大水渠，让水库里的水可以顺利地流到大海里，同时推动水电站发电。

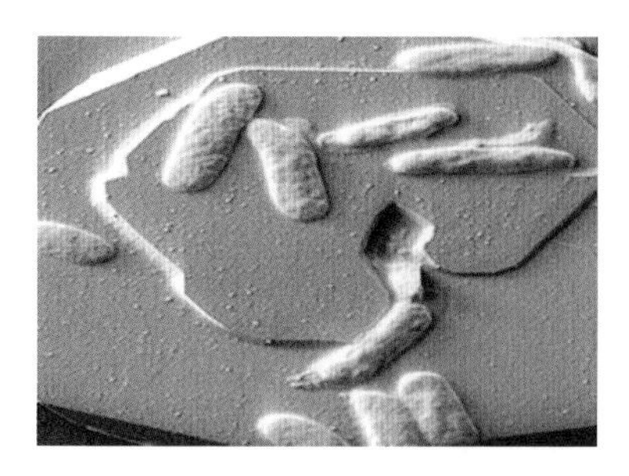
图 3-8　海洋细菌

到目前为止，只在海底沉积物的厌氧环境中发现了这些细菌（图 3-8）。对于这个新发现的小小的物种，科学家暂时还没有给它起名字，也没有划分归属。研究人员发现它们数量惊人，在接受测试的沉积物样本中，平均每立方厘米便有 4000 万个这类细菌的细胞，估算下来，这可以形成 117 米长的超细导电线。

细菌导电的发现有什么实际意义呢？科学家们发现这种细菌可影响湖泊和海洋的矿物质水平，细菌与矿物质表面直接接触可产生电荷并影响化学变化。掌握这种机制后就可对其加以利用，可将这种细菌作为能源，即制成细菌生物电池，应用到人类无法进入的地区或危险环境中。

半导体——介于导体与绝缘体之间的材料

在夜里，我们经常看到如图 3-9 所示的发光灯牌，它既不是灯丝通电发光，也不是气体导电发光，它的发光材料是什么呢？

其实，图中的发光灯牌是由一个个发光二极管组成的，发光二极管由一种称为半导体的材料制成。所谓半导体，一如其名，是导电能力介于导体与绝缘体之间的物质。半导体分为两类，一类是由单一元素组成的“元素半导体”，例如硅和锗都是典型的元素半导体（图3-10）；另一类是由2种以上的元素反应制成的“化合物半导体”，例如由镓和砷的化合物制成的半导体。

图3-9 发光灯牌

图3-10 半导体材料硅

半导体材料在怎样的条件下才能导电呢？在常温下，纯度很高的硅是无法通电的绝缘体，但是加热后就可以变成导体。此外，往硅里掺入少量的磷等特定的物质后，也可以变成导体。没有掺入其他特定物质的半导体叫做“天然半导体”，添加了其他特定物质后的半导体叫做“杂质半导体”,“杂质半导体”按掺入元素的不同又可分为“N型半导体”和“P型半导体”。

半导体材料最重要的性质并非它的导电性的强弱，而是当环境温度和光照发生变化，或掺入杂质时，它的导电性及其他许多特性都会发生很大的变化。

半导体材料正是由于其具有的独特性质，才得以在电子技术和微电子技术中扮演着极为重要的角色。在许多电子设备中使用的晶体二极管、三极管都是由半导体材料制成的（图3-11）。好多指示灯就是发光二极管；制作常见的太阳能电池板的半导体材料是硅；很多自动门装置的光电探测器也是由半导体材料制造的；LED 灯和激光器（图 3-12）都是半导体材料制造的；机器人中很多零件的材料就是半导体。

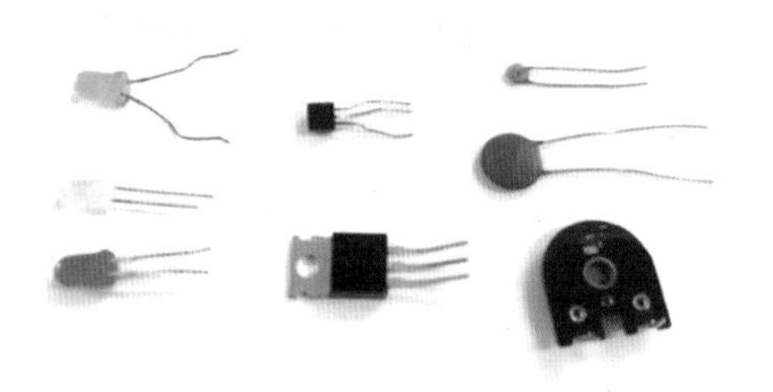

图 3-11　各种晶体二极管和三极管

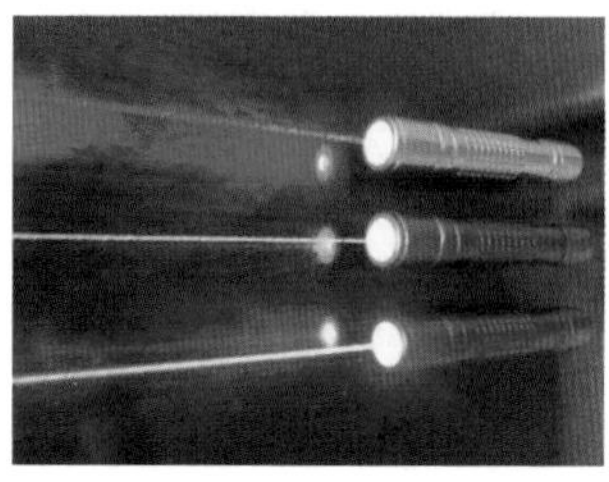

图 3-12　半导体激光器

链接

晶体二极管

我们日常使用的汽车、大型计算机、收音机、电视机和其他的电子产品里都有二极管（图 3-13），它是由半导体材料制成的。

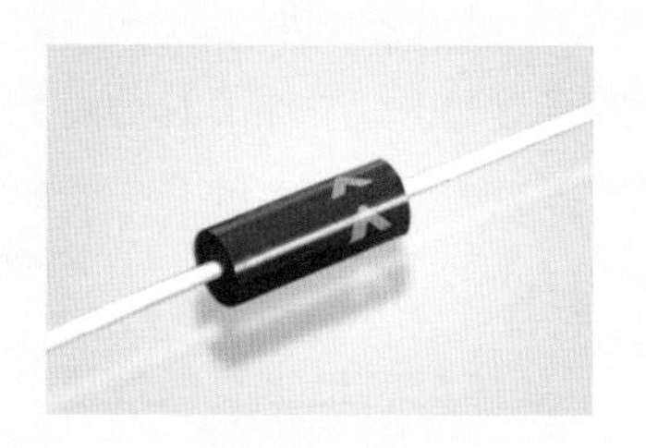

图 3-13　二极管

科学家将 N 型半导体和 P 型半导体结合在一起，制成 PN 结，这种结构可以对电子设备所需要的电流实施精密控制。两种类型的半导体以不同的方式结合在一起就能制成二极管、三极管和集成电路等元件，这些元件能控制电子设备中的电流。

将一块 P 型半导体和一块 N 型半导体结合在一起构成的电子元件就是二极管（图 3–14）。二极管只允许电流向一个方向流动，即允许电流从 P 型半导体流向 N 型半导体，但不会有电流从 N 型半导体流到 P 型半导体。像这样只向一个方向有电流流动的现象叫二极管的单向导电性。若把二极管正向连接到电路中，此时二极管电阻较小，电路中有电流通过；若把二极管反向连接到电路中，此时二极管电阻非常大，电路就没有电流通过。

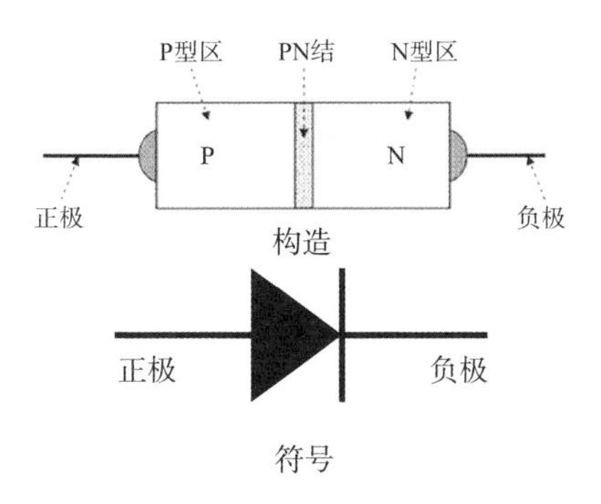

图 3–14　二极管的构造和符号

二极管在电子技术中有哪些应用呢？利用二极管的单向导电性，可以把方向交替变化的交流电变换成单一方向的脉动直流电，这叫做二极管的整流作用。交流转直流的整流桥电路，就是利用此特性来设计的。二极管也可以用作开关电路，二极管在正向电压作用下电阻很小，处于导通状态，相当于一只接通的开关；在反向电压作用下，电阻很大，处于截止状态，如同一只断开的开关。利用二极管的开关特性，可以组成各种逻辑电路。

解码电阻器

图 3-15　电路板

图 3-15 所示为一个电气设备的内部电路板，我们看到一个个上面标有环形彩色码的元件，就是电阻。它是极为重要的电子基本元件。在电子设备中使用不同阻值的电阻，可以对电路的电流进行有效的控制。

电阻器按其材料的不同，可分为：碳膜电阻器、金属膜电阻器、绕线电阻器、碳合成电阻器、金属氧化膜电阻器等，如图 3-16 是几种常见的电阻器。

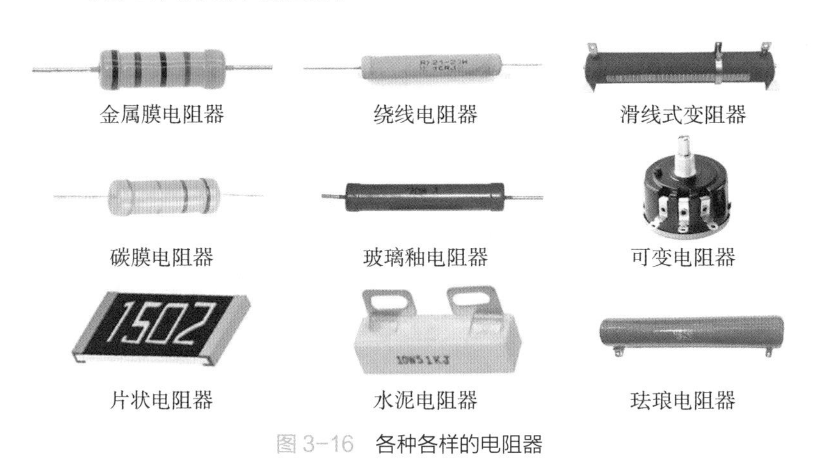

图 3-16　各种各样的电阻器

在有些电阻上面，人们通过显微打印技术清楚地标明了阻值，可以直接或用放大镜查看（图 3-17）。大多数的电阻是采用环形的彩色码来表示电阻（图 3-18），色码是早期为了帮助人们分辨不同阻值而设定的标准，即在电阻器上标有几个不同颜色的环，采用色环来代表电阻的阻值和误差，并要保证电阻无论按什么方向安装都可以方便、清楚地看见色环。那么，这些色码是怎样表示其电阻值的？

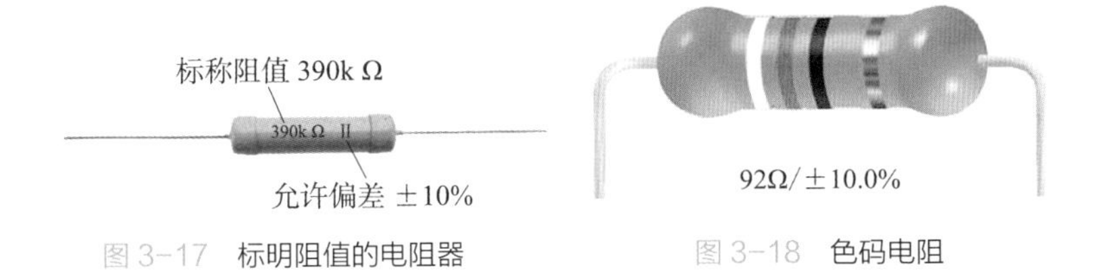

图 3-17　标明阻值的电阻器　　图 3-18　色码电阻

色码的辨认方法是这样的：先寻找一条银色或金色的色环，银色表示阻值的精度是 10% 以内，而金色则表示阻值的精度是 5% 以内。如果找到了，就将电阻的这一端转到右手侧；如果没有找到银色或金色的色环，就转动电阻，使聚集条码的一端在左。现在你将发现左端有几根色环（一般是 3 根）。

从左边开始，第一个和第二个色环是依据表 3-1 进行编码。

第三个色环有不同的意义，告诉你应该在前述的数字后面增加几个零，见表 3-1 中右侧分表。

表 3-1 色码表

黑色	0
棕色	1
红色	2
橙色	3
黄色	4
绿色	5
蓝色	6
紫色	7
灰色	8
白色	9

黑色	-	不增加 0
棕色	0	1 个零
红色	00	2 个零
橙色	000	3 个零
黄色	0000	4 个零
绿色	00000	5 个零
蓝色	000000	6 个零
紫色	0000000	7 个零
灰色	00000000	8 个零
白色	000000000	9 个零

色码在上述左右两个分表中的解读是一致的，以绿色为例，它意味着数值 5（对于前两个色环）或 5 个零（对于第三个色环）。此外，上述左右两个分表中的顺序也跟彩虹中颜色出现的顺序一样。举例解读如图 3-19 所示。

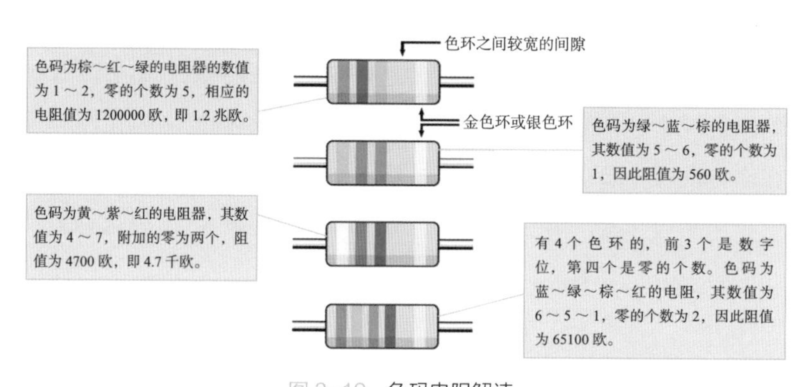

图 3-19 色码电阻解读

你还可以上网查找“色环电阻在线查询器”，输入色环电阻对应的颜色即可显示出该电阻的电阻值和偏差值。

敏感电阻

我们的家用电器如电压力锅（图3–20）、电饭煲、微波炉等能够自动实现温度控制，路灯能够自动晚上亮起白天关闭，火灾报警器能够自动报警，还有如房间的湿度监测、磁性探测、汽车防盗报警等，这些装置的自动控制或自动检测是如何实现的？它的核心元件分别是什么？

图3–20　电压力锅

上述装置实现自动控制或自动检测的核心元件是敏感电阻器，主要由半导体材料制成。它对外界环境，比如温度、湿度、机械力、电压磁场等物理量变化反应敏感，外界环境的变化会导致其自身电阻值发生变化。反过来，人们根据这些电阻阻值的变化，就可检测上述物理量的变化。下面介绍几种半导体电阻器的特点和用途。

热敏电阻　热敏电阻是利用半导体的电阻值随温度显著变化的特性制成的热敏元件（图3–21）。它通过将温度的变化变换成电阻的变化，进而引起电流的变化，从而对

图3–21　热敏电阻

电器工作状态进行控制，一般应用于温度测量、温度补偿、过载保护和温度控制等场合，在电子技术、工业自动化方面的应用极广。根据其体积的大小、组成材料的不同而有不同的规格。热敏电阻分 PTC、NTC 和 CTR 三种类型，PTC 热敏电阻的阻值随温度升高而增大，称为正温度系数热敏电阻。当温度超过某一值时，它的阻值随着温度的上升而剧变。图 3–22 中 PTC 陶瓷暖风机的核心元件就是一种陶瓷热敏电阻电热元件，它利用风机鼓动空气流经 PTC 电热元件强迫对流，以此为主要热交换方式。在加热过程中，热敏电阻的阻值随环境温度发生变化，从而自动调整加热功率，实现控温节能的效果。其内部还装有限温器，当风口被风机堵塞时可自行断电。NTC 热敏电阻的阻值随温度升高而减小，称为负温度系数热敏电阻。利用 NTC 热敏电阻电阻值随着温度上升而迅速下降的特性，可通过测量其电阻值来确定相应的温度，从而达到检测和控制温度的目的。CTR 热敏电阻具有负电阻突变的特性，即在某一温度下，电阻值随温度的升高急剧减小，称为临界温度系数热敏电阻。温感报警器（图 3–23）中安装着临界温度系数热敏电阻，当房间失火引起环境温度升高到某一温度时，报警器中热敏电阻的阻值会急剧减小，电流急剧增大，从而

图 3–22 PTC 陶瓷暖风机电暖器

图 3–23 电子温感报警器

打开报警电路发出警报。

图 3-24 路灯

光敏元件 路灯（图 3-24）可以夜晚自动开启，白天自动关闭，这是为什么？

光控路灯的控制电路，其核心元件是光敏电阻（图 3-25）。光敏电阻是利用半导体的光电导效应制成的。光电导效应又称为光电效应或光敏效应，是光照变化引起半导体材料导电性能变化的现象，因此光敏电阻的电阻值能够随入射光的强弱变化而改变。光敏电阻也有两类，一类是光强时电阻减小，光弱时电阻增大；另一类刚好相反，光弱时电阻减小，光强时电阻增大。路灯自动开关、照相机的自动测光等，都需要应用光敏电阻器。

图 3-25 光敏电阻

用光敏电阻器制造的光自动控制开关，可用于对光比较敏感的装置上。当路灯控制电路的光敏元件接受光照时，电阻减小，电路中的电磁铁线圈通电，继电器被触发，从而使路灯关闭。傍晚天黑时，光敏元件的电阻增大，使电路中没有电流流过，继电器未被触发，从而路灯亮起。在现代照相机中，安装有测光器（图 3-26），以确保相机使用者在拍摄过程中能够得到准确的曝

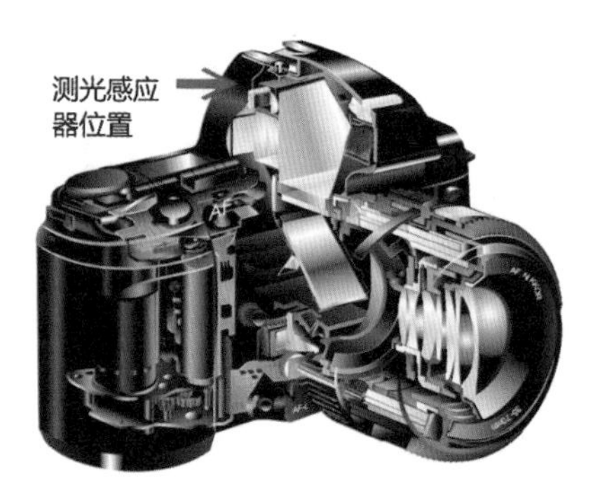

图 3-26 数码单反相机中的测光元件

光。其中硫化镉光敏电阻是照相机常用的测光元件，当光照射到其上时，其电阻值会发生变化，光照越强，电阻越小。

气敏电阻　在现代社会的生产和生活中，我们往往会接触到各种各样的气体，需要对它们进行检测和控制，比如化工生产中气体成分的检测与控制、煤矿瓦斯浓度的检测与报警、环境污染情况的监测、煤气泄漏时的报警、驾驶员酒精测试等。

气敏电阻（图 3-27）是一种将检测到的气体的成分和浓度转换为电阻的变化量，从而再转换为电路中电流、电压信号。可见，气敏电阻是一种气—电转换器件，相当于一个对气体敏感的可变电阻，任务是测量气体的类别、浓度和成分。气敏电阻传感器由气敏元器件、加热器和封装体三部分组成，加热器的作用是将附着在敏感元器件表面上的尘埃、油雾等烧掉，加速气体的吸附；外层的不锈钢丝网具有防爆作用。

图 3-27 气敏电阻

湿敏元件　湿度测量和控制是人们生产和生活中的需求之一。例如，仓库的湿度过高就会使存放的物资变质；在粉尘作业的车间里，由于湿度过低而产生的静电会导致爆炸事故。另外，环境的湿度过高或过低都会使人不舒适，现在的空调也能控制空气的湿度。由上可知，湿敏元器件的应用领域十分宽广。

湿敏元件主要是利用湿敏材料吸收空气中的水分而导致本身电阻值发生变化的原理而制成的（图 3-28）。

磁敏电阻 磁敏电阻就是对外界磁场变化十分敏感且能转变为电信号的一种电子元件（图 3-29）。

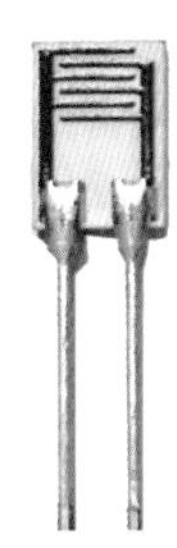

图 3-28 湿敏元件

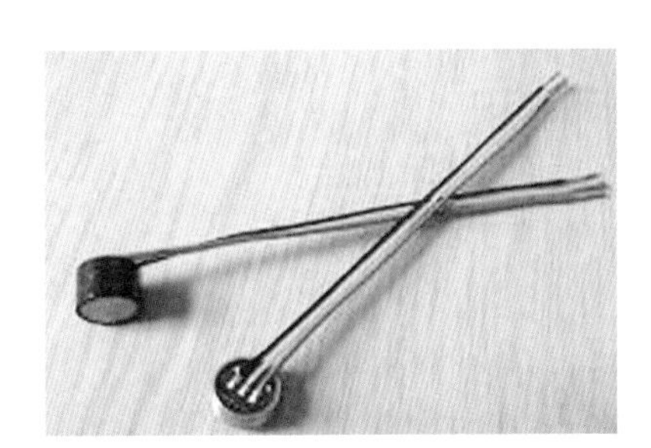

图 3-29 磁敏电阻

磁敏电阻主要用于测定磁场强度、测量频率和功率等，并可用于制作无触点开关和可变无接触电位器等设备，具有体积小、响应快、无触点、输出功率大及线性特性好的优点，在磁力探测、无触点开关、位移测量、转速测量及其他各种自动化设备上得到了广泛的应用。

力敏电阻 生活中的电子秤随处可见（图 3-30），物体的质量是如何转换成电子秤的读数呢？

我们知道，物体受到的

图 3-30 电子秤

重力大小与质量相关，当物体放在秤盘上时，压力让电子秤里的弹簧长度发生变化，使粘在弹簧上的电子元件发生形变，从而使其电阻发生变化，电路中的电压随之发生变化，该信号经放大电路输出到模数转换器，转换成便于处理的数字信号输出到显示器。可见，电子秤说白了就是一个电压表，测量的就是这个电压变化。

电子秤中因形变而使阻值发生变化的元件就是力敏电阻，它是利用金属或半导体材料的压阻效应而制成的。所谓压阻效应，是指当半导体受到应力作用时，电阻值随应力大小变化而发生变化的现象。

半导体应变片（图 3–31）就是一种利用半导体单晶硅的压阻效应制成的一种力敏电阻。

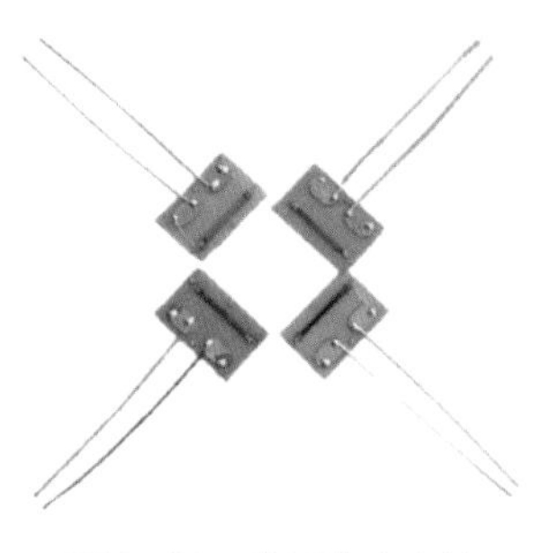

图 3–31　半导体应变片

半导体应变片在使用时粘贴在被测试件的理想部位上，进行直接测量，也可以与弹性元件组成力学传感器使用。这种电阻应变片用途非常广泛，它可以检测机械装置各部分的受力状态，广泛地应用于航空、化工、航海、动力和医疗等部门。

压敏电阻　压敏电阻（图 3–32）的阻值与两端所加的电压具有特殊的关系，当外加电压较低时，压敏电阻呈高电阻状态；当外加电压达到或超过某个临界值时，压敏电阻的阻值急剧下降。

压敏电阻的这种特性使它能对电器提供很好的过压保护。如图 3–33 所示，将压敏电阻与所保护的用电器并联，当电器两端的电压低于压敏电阻的临界电压 U_C 时，压敏电阻的阻值极大，流过

图 3-32　压敏电阻

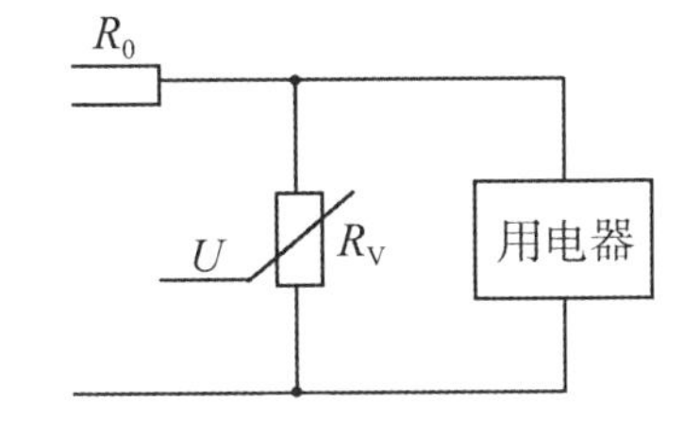

图 3-33　压敏电阻钳压作用原理图

压敏电阻的电流极小，压敏电阻对电路不会造成影响。当由于某种原因电器两端瞬间的电压猛增时，压敏电阻迅速导通，瞬间电流很大，瞬间高电压大部分加在电阻 R_0 两端，使被保护的用电器两端的电压钳制在其耐压之下。

超导现象及应用

在许多情况下，人们对通电导体的发热感到困扰。因为发热不但会造成电能的损耗，而且容易导致火灾等事故。在长距离输电过程中会有很大的能量损耗（图 3-34）。数据显示，传统输配电损耗占整个网络传输功率的 7% 左右，照此比例，当前我国输配电损耗功率约为四个三峡电站总装机容量。为了减少发热，人们选用铜和铝制造导线，并在大电流线路中采用横截面大的导线。但在大电流的机器中采用横截面大的导体，又会造成导线重量巨

图 3-34　远距离输电

大，或机器体积庞大。找到一种完全没有电阻的材料一直是科学家们梦寐以求的愿望。

1911 年，荷兰物理学家昂纳斯做了一个实验：他将水银逐渐冷却到 −40 摄氏度，发现水银的电阻值随着温度降低而逐渐减小。当温度降到 4.153 开尔文（−268.997 摄氏度）时，他惊奇地发现，水银的电阻突然消失了（图 3-35）。后来人们陆续发现，还有一些金属、合金在温度降到某一数值时，电阻也会突然消失。人们把这种电阻突然消失的现象称为超导现象，把这种电阻为零的导体叫做超导体，把材料从正常态转变为超导态的温度叫做转变温度。表 3-2 为几

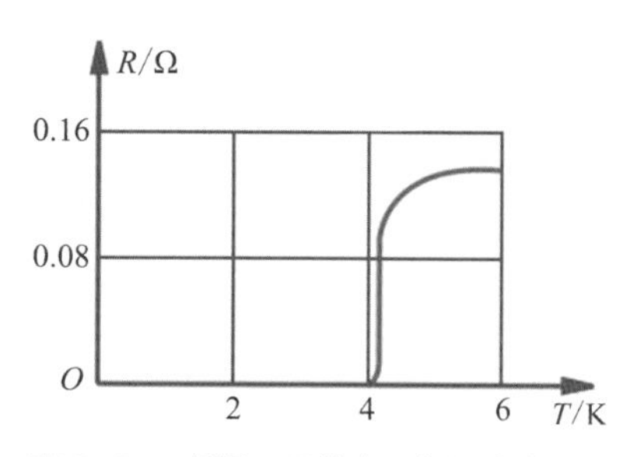

图 3-35　低温下汞的电阻与温度的关系

表3-2　几种超导材料的转变温度

元素	铅	汞	锡	铝	锌	钛	铱	钨
转变温度 / K	7.193	4.153	3.722	1.196	0.750	0.390	0.140	0.012

种超导材料的转变温度。

由于在超导态下超导体是没有电阻的，所以，如果在一个超导导线上通入电流，那么电流是不会衰减的。同时，导体也不会发热。因此，很细的超导导线就可以长时间承载非常大的电流，并且电流不会损耗。

自昂纳斯发现纯汞金属超导体以来，各国科学家一直在寻找新的超导材料，尤其是高温超导材料。这里说的“高温”，并不是指我们平常理解的高温，而是相对于绝对零度而言的“高温”。事实上，高温超导的追寻“高温”之路是以室温为终极目标的。之所以把室温定为终极目标，是因为如果实现了室温超导，我们就不用为超导材料提供特殊的低温环境，超导的应用范围将会无限扩大，我们的生活将会发生天翻地覆的变化。高温超导材料的用途非常广阔，大致可分为三类：大电流应用（强电应用）、电子学应用（弱电应用）和抗磁性应用。大电流应用即前述的超导发电、输电和储能；电子学应用包括超导计算机、超导天线、超导微波器件等；抗磁性应用主要体现于磁悬浮列车（图3-36）和热核聚变反应堆等。

图3-36　磁悬浮列车

鉴于超导材料具有的

一系列神奇的特性，超导材料已开始在能源、工业、交通、医疗、航天、国防和科学实验等领域中得到应用，并显示出突出的优点和广阔的应用前景。其中，需求量最大的产品是超导核磁共振仪（图 3-37）和高能加速器中使用的超导线圈，这些设备都需要很大的电流。

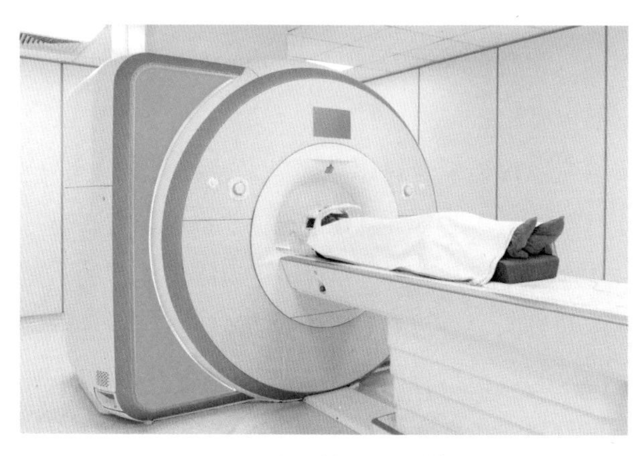

图 3-37 超导核磁共振成像仪

而超导技术如果应用于输电线路，与传统输电线路相比，具有多种优势。超导输电具有大容量、低损耗、体积小、重量轻、降低传输电压、直流超导输电损耗少、系统运行灵活性强和环保等。超导电缆（图 3-38）与传统电缆相比具有显著的性能优势。目前，由于经济性和可靠性等原

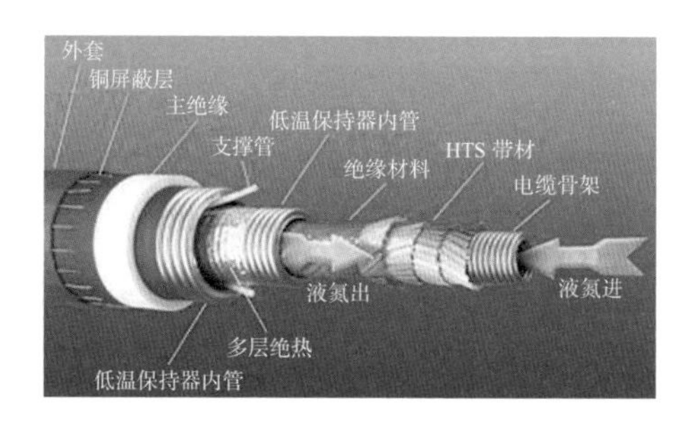

图 3-38 超导电缆

因，超导电缆还不具备大规模应用的条件，但它在未来电网的发展中有着广泛的应用前景，可能给未来的电力输送带来革命性的变化。这些变化会推动发电、输电、配电和用电方式的重大进步，推动对能源的巨大节约，推动对环境的有效保护和改善，最终对人类社会的生产和生活产生划时代的深远影响。

通过上网查找等方式，了解超导体可应用于哪些方面，同时思考要使超导体能在实际中广泛得到应用，你认为最关键的问题是什么？

第4章

家用电器

早晨，一家人起床后，爸爸一边打开电视机看新闻，一边用剃须刀剃胡须；妈妈先把一堆衣服塞进洗衣机，再打开厨房里的脱排油烟机，从冰箱里取出食物准备早餐；你打开电灯在房间里朗读一篇美文……这里的电视机、剃须刀、洗衣机、脱排油烟机、冰箱、电灯等，都是家用电器。

图 4-1 家用电器

电光源的发明与改进

人类对电的应用，开始阶段主要是照明。今天，虽然电广泛应用于家庭生活的多个方面，但照明用电仍然占总用电量相当大的比例。发明并改进电光源，减少照明方面电的损耗，始终是人们十分关注的课题。

19世纪初，电已经引起科学界的广泛关注。受到美国科学家富兰克林接引雷电产生电火花的启发，俄国物理学教授彼得罗夫提出了“以电取光”的大胆设想。几乎同时，英国化学家戴维在进行电化学实验时发现，两个碳棒分别接在电源的两极上，适当减小碳棒间的距离，在高电压的作用下，碳棒间的空气会被击穿，形成强电流，产生耀眼的弧光（图4-2）。戴维据此制成了人类有史以来第一个电光源——弧光灯（图4-3）。弧光灯被广泛用于大街、广场和灯塔的照明。弧光灯的发明，标志着人类在由电能到光能的转化过程中迈出了具有决定性意义的一步。但是，弧光灯耗电量太大、成本太高、亮度太强、寿命短暂，而且还会产生一些有害气体，难以大规模推向普通民众生活之用。于是，制造一种发光柔和、成本低廉、使用寿命长的电灯，

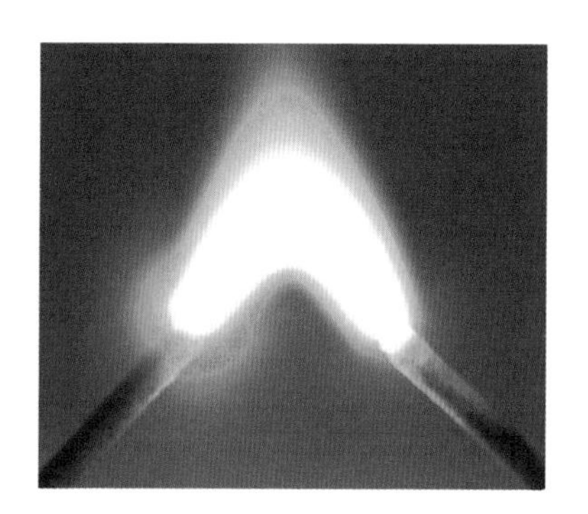

图4-2 弧光

图 4-3 早期弧光灯

便成为摆在科学家和发明家面前的重要课题。

弧光灯是没有灯丝的，实际上，那时人们并没有意识到需要灯丝的问题。正当人们一筹莫展的时候，戴维发现一个现象：电流通过白金丝的时候，白金丝会发热发光，并很快在空气中烧掉。这是电流热效应的典型表现，它为白炽电灯的发明带来了一缕曙光。由此确定了白炽电灯靠电流的热效应使灯丝发热达到白炽状态，进而能够发光的基本原理。

白炽灯通电发光的科学原理虽然已经清楚，但原理的应用还需要解决许多技术问题：选择什么材料做灯丝能够发光，而且寿命较长？如何防止灯丝被烧断？

当时人们已经知道，灯丝通电后很快就被烧断，是灯丝在高温下与空气中的氧气发生化学反应的缘故，所以做灯泡时要抽掉里面的空气，形成真空，这也大大促进了抽真空技术的发展。到 1878 年，灯泡抽成真空的问题已基本得到解决，剩下的就是灯丝问题了。

图 4-4 爱迪生

1878 年，爱迪生（图 4-4）的兴趣转到研制电灯上来。他带领研究团队尝试了多种材料，可是收获不大，许多发光材料有的一闪就熔化了，有的虽然能发光，但寿命也不长。他们又对所有能找到的材料进行尝试，据说试验了一千多种耐热材料，还是没有成功。由于钨的熔点是常见金属中最高的，他们也试过用钨，但钨非常坚硬而致密，当时的加工水平难以切削它，所以也失败了。可贵的是，每当一次试验失败，爱迪生都乐观地认为自己又发现一种材料不能用来做灯丝了。他一直满怀信心地寻找合适的灯丝材料。

1879年10月，爱迪生在一本杂志上看到英国的电机工程师斯旺用碳丝制作白炽灯的报道，深受启发。立即尝试把一些植物纤维放在坩埚里加热碳化，制成碳丝进行反复试验，终于发现碳丝竟然发出了稳定、柔和的光芒，这只灯泡连续点亮了45个小时才烧断熄灭（图4-5）。经历了几千次的失败，爱迪生终于获得了成功！

图4-5 斯旺发明的电灯（左）和爱迪生发明的电灯（右）

但是，对这一试验的成功，爱迪生仍未满足。他非常清醒，对于实用来说，45个小时的寿命仍然是太短了。为了提高灯丝的寿命，爱迪生继续进行新的探索。经过一次又一次的反复试验，他终于发现竹子纤维在碳化后做灯丝效果最好，其寿命可以达到1200个小时。爱迪生马上派人到世界各地选择竹子，最后发现生长在日本的一种竹子最适合做灯丝。经过两年多时间，7000多次艰苦的试验，爱迪生终于制造出可以实用的白炽灯泡。

1909年，美国通用电气公司的库里奇用耐热金属钨替代了碳丝，钨受热时升华较少，因而使灯泡的寿命得到延长。1913 年，美国化学家朗缪尔建议在灯泡中充入稀有气体氮，以防止灯丝在高温下的升华。1920 年，又改为充氩，既可使灯丝温度更高，发光更强，又延长灯丝的寿命，这种办法一直沿用到今天。1934 年，朗缪尔又把灯丝绕成螺旋状，使灯丝更集聚以减少灯丝所占空间，减少散热，提高灯丝温度，从而大大提高了发光效率（图 4-6）。

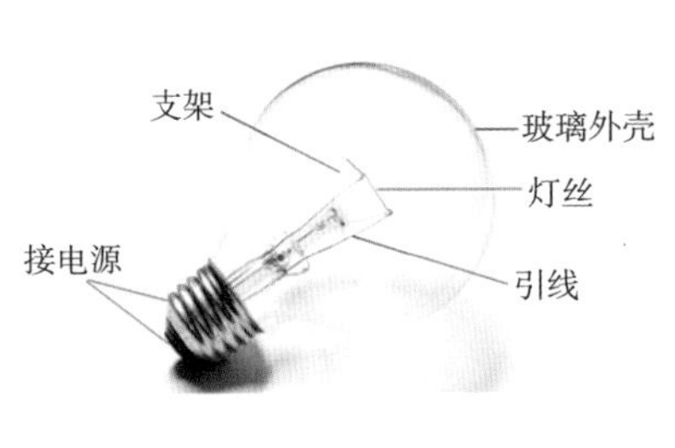

图 4-6　白炽灯泡的结构

白炽灯的发明给人类找到了一种方便和明亮的照明方式，但是它的效率却很低，电能与光能的转换率只有 3% ～ 5%，95% 以上的能量以热的形式散失掉了。这样“正大光明”地浪费电能是绝对不允许的。我们需要更节能的照明方式，首先出现的就是荧光灯。1938 年，美国通用电气公司的研究人员伊曼制作了荧光灯。它比白炽灯更亮，电能利用率高，可以达到 25% 左右，且光线柔和，接近自然光。因此，它一诞生，便很快进入了一般家庭。由于荧光的成分与日光相似，因此人们也叫它“日光灯”（图 4-7）。

我们平常使用的“节能灯”是一种紧凑型荧光灯（图 4-8）。它是将荧光灯与镇流器组合成一个整体的照明设备，具有光效高、寿命长（约为普通灯泡的 8 倍）、体积小、使用方便等优点。而目前最先进和最节能的照明技术，就是利用发光二极管制造的新型电光源——LED 灯（图 4-9），LED 灯的电能光能转化率高达 47% ～ 64%，寿命可达数万小时，无需使用玻璃真空封装，不产生毒气和汞污染，可以做成各种形状，产生各种颜色，应用场合广泛。电脑和电视机的液晶显示屏是靠内部的背光灯（荧光灯或 LED 灯）通电发光的，而大型 LED 显示屏则是用大量发光二极管通电发光的。

图 4-7　日光灯

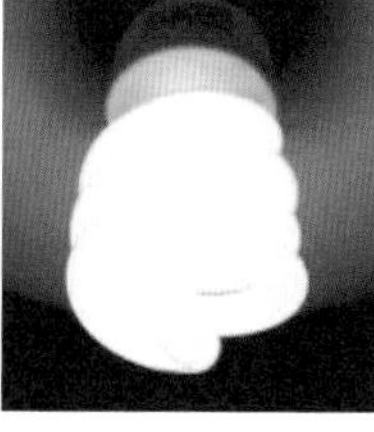

图 4-8　节能灯

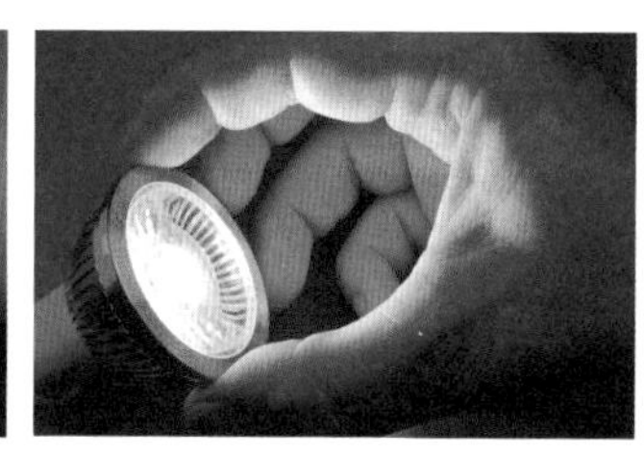

图 4-9　LED 照明灯

电视机的发展历程

电视已经渗透进了人们生活的方方面面，改变着我们的生活。你了解电视机的发展历程吗？

电视机的雏形　1925 年，电视机之父，英国人贝尔德在英国展示了一种非常实用的电视装置（图 4-10）。用现在的眼光来看，贝尔德展示的设备十分简陋。这台电视机基本上是用废料制成的，光学器材是一些自行车灯的透镜，框架是用搪瓷盆做成的，而电线则是临时拼凑的乱糟糟的蜘蛛网般的东西。最大的奇迹是这些质量很差的材料，一经他的安排，就能产生图像，而这也成了现代电视机的雏形。

图 4-10 贝尔德

黑白电视机和彩色电视机

在贝尔德发明了可以映射图像的电视装置之后，这项技术很快就得到了突飞猛进的发展（图 4-11）。1928 年，美国纽约 31 家广播电台进行了世界上第一次电视广播试验，由于显像管技术尚未完全过关，整个试验只持续了 30 分钟，收看的电视机也只有十多台，此举宣告了作为社会公共事业的电视艺术的问世，是电视发展史上划时代的事件。

图 4-11 1928 年，英国生产出首台面向消费者的商用电视机，其材料单一，木质机身，显示屏幕小

图 4-12 早期的彩色电视机

1929 年，美国科学家伊夫斯在纽约和华盛顿之间播送 50 行的彩色电视图像，发明了彩色电视机（图 4-12）。1933 年兹沃里金又研制成功可供电视摄像用的摄像管和显像管。完成了使电视摄像与显像完全

电子化的过程，至此，现代电视系统基本成型。今天的电视摄影机和电视接收的成像原理与器具，就是根据他的发明改进而来。

彩色电视机和黑白电视机结构的最基本区别有哪些呢？首先是显像管不同，因为彩电显像管是三基色三枪显像管，而黑白显像管是单基色单枪显像管；其次，彩色电视机有彩色解码处理电路，而黑白电视机是没有的；最后，彩色电视机的开关电源电路比黑白电视机复杂很多；等等。

等离子电视机　等离子电视机又称PDP电视机。1964年7月，美国伊利诺伊州立大学的科学家们首次提出等离子体显示的概念。等离子电视机是一种利用气体放电的显示技术，其工作原理与日光灯很相似。如图4-13所示，等离子电视机的屏幕以两块薄玻璃板为基板，两块玻璃基板之间密密麻麻排列着大量密封的气体室，气体室里充满了氙气和氖气等隋性气体。当电视机通电后，电压激发气体室内的混合气体，使之变成等离子体并发出肉

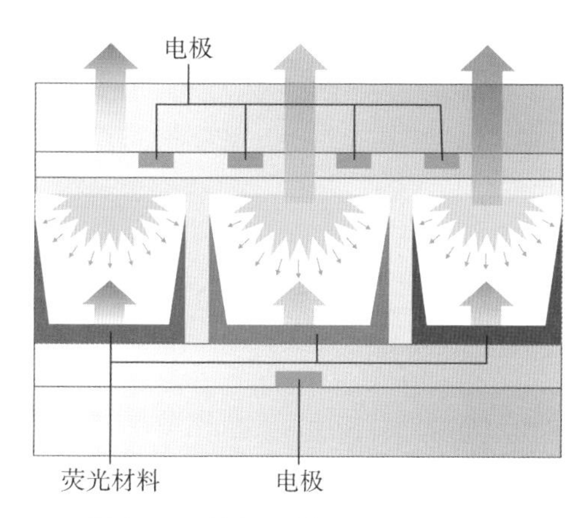

图4-13　等离子电视显示屏工作原理

眼看不见的紫外线。荧光屏上涂有三种荧光粉，在紫外线激发下，三种荧光粉将分别发出红光、绿光和蓝光。各个原色单元将这三种颜色的光混合起来，就形成了彩色电视的图像。等离子电视机比普通电视机薄而轻，画面更清晰。

液晶电视机 液晶电视机是指用液晶屏作为显示器的电视机。液晶电视机的屏幕是将液晶置于两片导电玻璃之间，依照所接收的影像讯号改变两个电极间的电压，电极间的电场将会驱动液晶分子作出相对应的排列，以控制光源透射或遮蔽功能，从而将影像显示出来(图 4-14)。组成屏幕的液状晶体有三种：红、绿、蓝，这三种颜色被称为“三基色”，它们按照一定的顺序排列。在不同的电压下，不同颜色的液晶发出的光的强度不同，再混合就可以呈现出千变万化的颜色。液晶电视机与普通电视机相比，轻而薄，色彩丰富，而且辐射相当小。

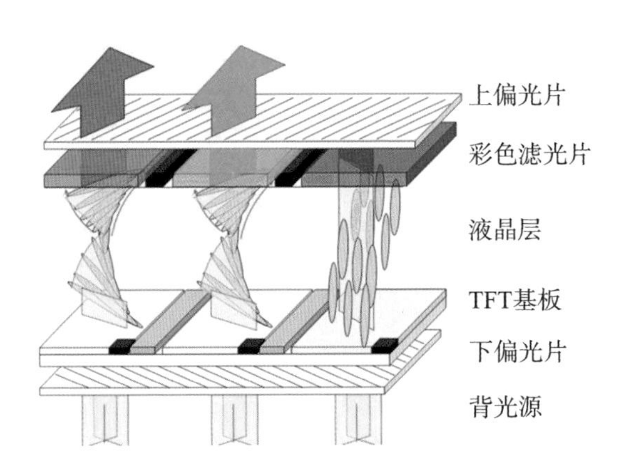

图 4-14 液晶显示屏工作原理

由于液晶电视机的屏幕本身是不会发光的，因此电视图像的显示要靠后面的灯泡，也就是背光灯发光。按液晶屏背光源的不同，目前的液晶电视机主要分为两种：一是用 CCFL 冷阴极荧光管（荧光灯管）做背光源，简称 LCD 电视；二是用 LED 发光二极管做背光源，简称 LED 电视。与采用荧光管作为背光源的液晶电视相比，LED 电视可显示更为逼真的颜色。除了色彩饱和度提升之外，可以在显示不同画面时，动态调整修正亮度与对比度，以达到更好的画质。

4K 电视机 什么是 4K 电视机（简称 4K 电视）？要回答这个问题，首先要搞清楚什么是像素和分辨率。

电视屏幕上的点、线和面都是由像素组成的，像素是图像元素的简称，它是组成一幅图画或照片的最基本单元。分辨率则体现了显示器能够显示的像素多少，显示器可显示的像素越多，画面就越精细，同样的屏幕区域内能显示的信息也越多，所以分辨率是个非常重要的性能指标。可以把整个屏幕想象成一个围棋的棋盘，而分辨率相当于棋盘横向和纵向小方格的数目。分辨率 1920×1080 的意思是水平像素数为 1920 个，垂直像素数 1080 个。在显示分辨率一定的情况下，显示屏越小，图像越清晰，显示屏大小固定时，显示分辨率越高，图像越清晰。

一般我们把分辨率达到 1280×720 的电视称为高清电视，分辨率达到 1920×1080 的电视称为全高清电视。

4K 电视采用一种分辨率更高的超高清显示规格，该规格下显示设备的分辨率为 3840×2160，这个分辨率下的像素总数达到了全高清分辨率 1920×1080 的 4 倍，所以这种超高清电视被称为 4K 电视。4K 电视不但画面细腻、清晰，而且在色彩的呈现

方面非常真实，能够还原事物本身的色彩，没有偏色、失真的现象，播放也极其自然、流畅，超真实 3D 体验能够真正实现全高清的立体视觉效果，带来与众不同的临场美感（图 4−15）。

图 4−15　4K 电视

有机发光二极管电视机

有机发光二极管电视机简称 OLED 电视。OLED 电视的颠覆性革新在于其所采用的材质和技术。OLED 电视由有机材料涂层和玻璃基板组成，能实现自发光，无需背光源，在显示方式上与传统液晶电视存在根本差异。OLED 电视凭借材料的优势，能够实现超广视角显示，极大提升了色彩精准度和对比度，使画面带来更加细腻和真实的视觉感受（图 4−16）。此外，在平面显示技术中，OLED 又具有成本低、节能环保、工艺比液晶技术简单等特质，顺理成章地成为消费电子产品的主流。

图 4−16　OLED 电视

在经济条件许可的情况下，家里购买的电视机尺寸是不是越大越好？说说你的观点。

电热器

家用电器中，有好多是将电能最终转化为内能的，如电熨斗、电水壶、电暖器、电炉、电磁炉、电饭煲、微波炉、热水器等。

电热类家用电器按电热元件的电热转换方式不同，可分为电阻式、红外式、感应式、微波式四大类。

电阻式 电阻式电热器是直接利用了电流的热效应。这种电器的核心部分——发热体，是由电阻率大、熔点高的材料制成的。电流通过发热体后产生热，这些热再传递到被加热物体。这种加热方式是目前使用最为广泛的一种形式。如电熨斗、电水壶、电炉、电饭煲、电热水器（图 4–17）、PTC 暖风机、石英管电暖器等。充油式电暖器（又称电热油汀，机体内充有高温炼制的导热油，发热量比较大，如图 4–18）也是利用了电流的热效应。

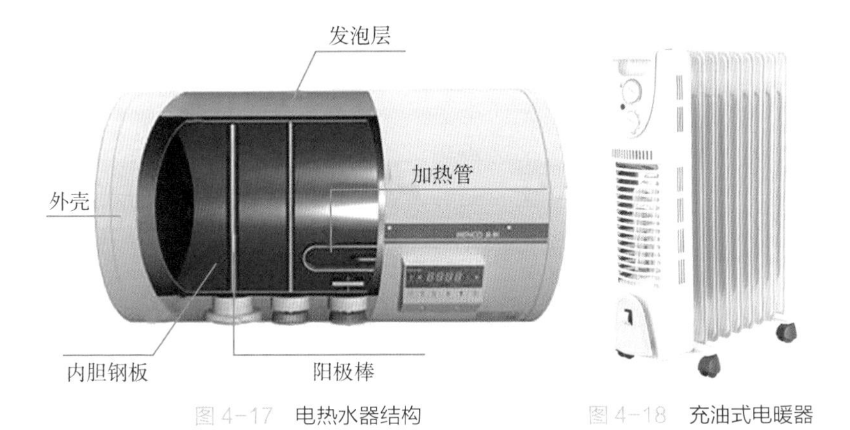

图 4–17 电热水器结构

图 4–18 充油式电暖器

红外式　红外线也是一种电磁波，其波长在1微米以上时极易被物体吸收，使物体温度升高。红外式电热器利用了红外线的热作用，它是在电热元件——电阻发热丝通电后，使电能转化为内能来加热某种红外线辐射物质，使其辐射出红外线来加热物体。这种辐射加热方式，具有大幅度节约能源、升温迅速、穿透力强、设备简单、没有污染的优点，是一种很有发展前途的电热器具。

浴室中浴霸的工作原理就是通过红外灯泡的热辐射，来升高光照区域内的温度。电烤箱也称电烤炉，一般以石英管或金属电热管作为加热元件，都是以远红外辐射来加热食品，也可以用来烤制肉类及面食等。

感应式　感应发热式的电器本身不具有发热元件，而是具有一定的感应圈，感应圈通电后，在被加热器具上产生感应电流，引起被加热容器发热，如电磁炉。

电磁炉作为厨具市场上的一种新型灶具，它打破了传统的明火烹调方式，利用电流通过线圈产生磁场，磁场在锅具底部产生涡流，涡流在锅具中产生热效应，使锅具变热，从而达到烧煮食物的目的（关于电磁炉的工作原理，详见第8章）。所以电磁炉煮食的热源来自锅具底部而不是电磁炉本身发热传导给锅具，所以热效率要比所有炊具的效率均高出近1倍。它具有升温快、热效率高、无明火、无烟尘、无有害气体、对周围环境不产生热辐射、体积小巧、安全性好和外观美观等优点，能完成家庭的绝大多数烹饪任务。

电磁炉的加热原理决定了其使用的锅必须是导磁材料。

微波式　家庭中常见的微波炉又是如何加热食物的呢？

微波炉的外壳用不锈钢等金属材料制成，可以阻挡微波从炉内逃出，以免影响人们的身体健康。装食物的容器则用塑料或陶瓷等绝缘材料制成，这些材料吸收微波能力很差，所以在食物加热的过程中容器几乎不发热。微波炉的心脏是磁控管。这个叫磁控管的电子管是个微波发生器，它能产生每秒钟振动 24.5 亿次的微波，能穿透食物达 5 厘米深，这种每秒 24.5 亿次的振荡能高速振荡食物内部的水分子，使食物中的水分子也随之剧烈运动，相互摩擦碰撞，从而产生大量的热能，于是食物“煮”熟了，这就是微波炉加热的原理。

用普通炉灶煮食物时，热量总是从食物外部逐渐进入食物内部的。而用微波炉烹饪，热则是直接在食物内部产生，所以烹饪速度比其他炉灶快 4 至 10 倍，热效率高达 80% 以上。目前，其他各种炉灶的热效率无法与它相比。而微波炉由于烹饪的时间很短，能很好地保持食物中的维生素和天然风味。比如，用微波炉煮青豌豆，几乎可以使其中的维生素 C 一点都不损失。另外，微波还可以消毒杀菌、解冻、干燥等。

空调和电冰箱

空调夏天可以制冷，冬天可以制热。同一个空调是如何做到既能制冷又能制热呢?

空调由制冷系统、风路循环系统和电机等部分组成，通过对空气的处理使室内温度、湿度、气流速度和洁净度达到一定要求。

如图 4-19 所示，空调制冷时，压缩机将蒸发器内的气体制冷剂吸进来，制冷剂在压缩机内被压缩成高温、高压蒸气。这些蒸气进入冷凝器里散热降温，变成低温高压液体，再通过毛细管进入蒸发器。在蒸发器内，制冷剂沸腾蒸发，同时吸收蒸发器周围的热量，使蒸发器周围的空气变冷。冷空气被室内空调上所安装的风扇吹入室内，这样一来房间的温度自然降低了。

空调器的制热过程正好与制冷过程相反，就是冷凝器与蒸发器的功能互换。空调制热时，压缩机会对气体制冷剂加压，使其成为高温高压气体，再经过室内机的换热器进行冷凝液化，放出大量热量，提高室内空气的温度。然后，节流装置会将液体制冷

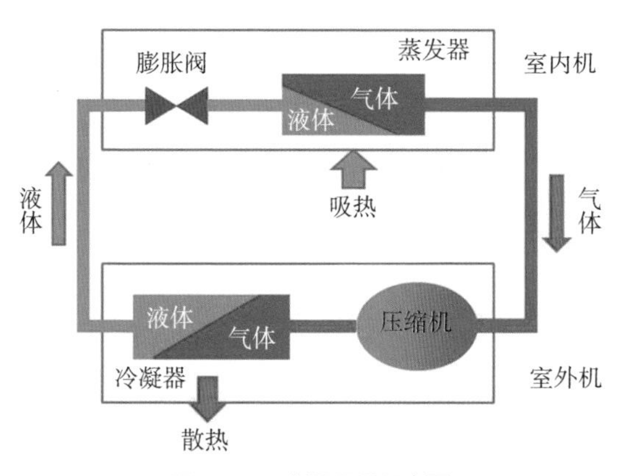

图 4-19　空调原理示意图

剂减压，经室外机的换热器蒸气化吸取室外空气的热量，变成气体开始下一个循环。

电冰箱与空调有相同的制冷原理，冰箱的蒸发器安装在冷冻室或冷藏室中，压缩机、冷凝器、毛细管安装在箱壳的外面，空调的蒸发器安装在室内机中，压缩机、冷凝器、毛细管安装在室外机中。

链接

冰箱停机关机后不要立刻启动

冰箱的使用说明上通常都写着：冰箱停机后，不能立即启动，而是要稍等几分钟。这是什么原因呢？

电冰箱在运行过程中，其制冷系统压缩机的吸气侧为低压侧，压缩机的排气侧为高压侧，两侧的压力差很大，停机后两侧仍然保持这个压力差，如果立即启动，压缩机活塞压力加大，使电机不能运转，处于堵转状态，从而导致电机绕组的电流剧增，如果时间长，很有可能烧毁电机。因此要求停机 4 ～ 5 分钟后再启动。

家电的能效比和能耗等级

我们现在买的家电，如洗衣机、冰箱、空调等家电上面都有一张标示能效等级的纸条，有的 1 级、有的 2 级、有的 3 级、有的 4 级、有的 5 级，这就是能效标识。能效标识为背部有黏性、顶部标有“中国能效标识”字样的彩色标签，一般粘贴在产品的正面面板上（图 4-20）。

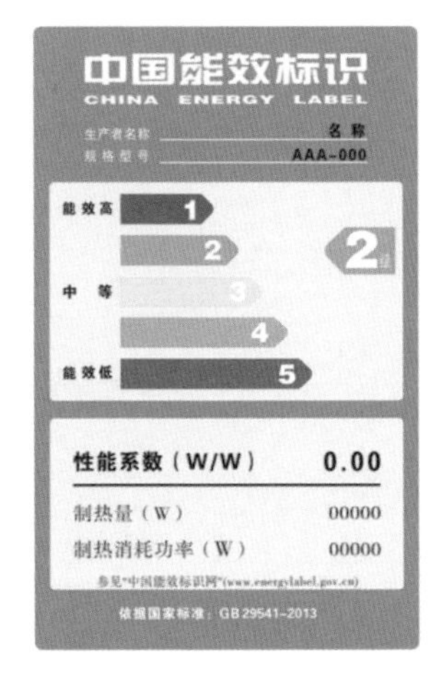

图 4-20 中国能效标识

哪一款家电更省电？那就要看产品的能效比或是等级能效。

何为能效比？能效比是在额定工况和规定条件下，能源的转换效率之比。能效比越大，节省的电能就越多。例如，空调的能效比就是进行制冷（或制热）运行时单位时间的实际制冷（或制热）量与实际输入功率之比。这是一个综合性指标，反映了单位输入电能在空调运行过程中转换成的制冷（或制热）量。空调能效比越大，在制冷（或制热）量相等时节省的电能就越多。

比如，一台 KF-20GW 型分体挂壁式空调器的制冷量是 2000 瓦，额定耗电功率为 640 瓦，另一台 KF-25GW 型分体挂壁式空调器的制冷量为 2500 瓦，额定耗电功率为 970 瓦。两台空调器的能效比值分别为：

$$\text{第一台空调器的制冷能效比：}\frac{2000\text{ 瓦}}{640\text{ 瓦}}=3.125$$

$$\text{第二台空调器的制冷能效比：}\frac{2500\text{ 瓦}}{970\text{ 瓦}}\approx 2.58$$

这样，通过两台空调器能效比的比较，可看出，第一台空调器更为节能。

类似地，洗衣机的能效比就是洗衣机运行时单位时间的实际耗能与实际输入功率之比，反映了单位输入电能在洗衣机运行过程中转换成的实际能量。洗衣机能效比越大，在洗涤量相等时消耗的电能就越少。

何为能效等级？能效等级是表示家用电器产品能效高低差别的一种分级方法，按照国家标准相关规定，目前我国的能效标识将能效分为五个等级。等级 1（能效比 3.40 以上）表示产品节电已达到国际先进水平，能耗最低；等级 2（能效比 3.20 ～ 3.39）表示产品比较节电；等级 3（能效比 3.00 ～ 3.19）表示产品电能利用效率为我国市场的平均水平；等级 4（能效比 2.80 ～ 2.99）表示产品电能利用效率低于我国市场平均水平；等级 5（能效比 2.50 ～ 2.79）是产品市场准入指标，低于该等级要求的产品不允许生产和销售。

电冰箱能效标识的信息内容包括产品的生产者、型号、能效等级、24 小时耗电量、各间室容积、依据的国家标准号。空调能效标识的信息包括产品的生产者、型号、能效等级、能效比、输入功率、制冷量、依据的国家标准号。

节电措施

既然节约用电是我们节约能源、节约资源的重要方面，那么在生活中，我们可以采用哪些节能措施?

电灯的使用　要根据需要选择亮度合适的节能灯或 LED 灯；白天要尽量利用日光，不开灯或少开灯；离开房间时要随手关灯。

空调的使用　要根据房间面积选购功率合适的空调。在制冷时，温度尽量控制在 26℃以上；睡眠时应设在“睡眠”状态；要经常清洗过滤网，保持过滤网清洁；空调启动时最耗电，不要常开常关，而应当让空调器通过温度控制器来控制启动和关闭。尤其要注意有效使用定时器，睡眠及外出时，请利用定时器使其仅在必要的时间内运转。

冰箱的使用　要放置在不受阳光直射、远离热源的地方；周围要留有足够的空间，以保持良好的通风散热；箱门应经常保持紧闭；冷凝器、冷冻室要保持清洁；温度调节旋钮调整至适冷，切勿长时间置于强冷或急冷位置；箱内要留有冷空气循环通路，食物储藏以不超过八成为宜。

电视机的使用　要控制合适的亮度和音量，亮度越高，音量越大，耗电越多；不用时要套上防尘罩，以防止电视机吸进灰尘，灰尘多了就可能漏电，增加电的损耗。

电饭锅的使用　煮饭时，饭熟了即可切断电源，锅盖上盖条毛巾，可减少热量损失；煮饭时应用热水或温水，这样可省电

链接

选购能效等级越高的空调越实惠吗

我们在选购空调的时候，也并不是能效等级越高就会越省钱。空调的能效比越高就越省电，这点确实毋庸置疑，可是对于一般家庭来讲，选购省电的空调不一定就会达到省钱的目的。这是因为高效能空调在成本上就比较高，所以售价也自然而然地比普通的空调高很多。我们在选购空调的时候主要是看性价比，而不是只看重空调的能效比高不高，要注重空调质量的稳定性，还有功能的先进性以及购买价格的经济性与运行的经济性，也就是说要既能买得起，也能用得起，这样才能以最少的钱买到最好的产品。

30%左右；电饭锅用毕应立即拔下插头，这样既能减少耗电量，又能延长使用寿命。

插头和插座的使用　插头和插座要接触良好，否则不但会增加耗电量，而且还有可能损坏电器。

现在的家用电器大多有待机功能，处于待机状态时也要消耗电能。因此，家用电器不用时要彻底关闭电源，不要长时间处于待机状态。

节约用电涉及人类社会共同面对的节约资源、保护环境、应对全球气候变化等重大课题，我们应当培养强烈的节电意识，养成良好的生活习惯。

第5章

家庭用电

电早已进入了家家户户，给我们的生活带来了实实在在的好处。但用电不当而酿成灾害的事件也时有发生（图 5-1）。我们应当如何更科学、更方便、更绿色地用电，并规避电可能给我们造成的危害呢？

图 5-1　某居民楼因电路短路而酿成火灾

特种开关

开关是控制电路通断的电路器件，在家庭电路中，为了一些特殊的需要，人们研制了一些特种开关。

图 5-2　声光控开关

声光控开关　在楼梯、过道、走廊等特定的场合，由于人们离开时容易忘记关灯，常会出现彻夜灯长明，甚至大白天也亮灯的现象，因而造成电能的极大浪费。声光控开关（图 5-2）能够很好地解决这一问题。

声光控开关也称声光控延时开关，它的内部装有麦克风、光敏电阻、放大电路和延时电路，是集声学、光学和延时技术为一体的自动照明开关。白天或光照较亮时，光敏电阻阻值较小，麦克风的信号输入被阻挡，此时即使有很大的声音，电路也处于断开状态。夜晚或光照较暗时，光敏电阻阻值较大，声光控开关处于预备工作状态，此时如果有人经过开关附近，脚步声、说话声、拍手声等都会通过麦克风转化为电信号，然后再通过放大电路将小信号放大，进而启动开关，点亮电灯。

当人离开、声音消失之后，声光控开关的延时电路会通过放电过程，在几分钟内自动切断电路，灯泡就会熄灭，这样就可避免出现无人状态下电灯长明的现象。可见，声光控开关是极为理想的新颖绿色开关，它既能节约用电，又可延长灯泡的使用寿命。

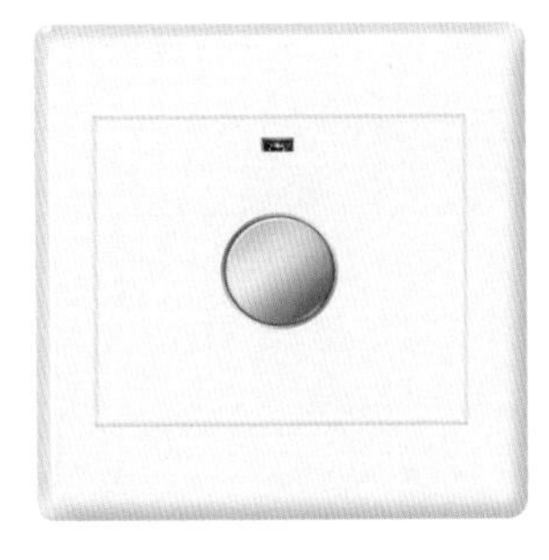
图 5-3　触摸延时开关

触摸延时开关　触摸延时开关（图 5-3）的内部装有延时电路，使用时，只要用手指摸一下触摸电极，灯就点亮，延时若干分钟后会自动熄灭。与声光控开关一样，触摸延时开关适用于楼梯、走廊、地下通道等场所的自控照明，可避免电灯长明造成的电能浪费现象。触摸延时开关可以直接取代普通开关，将普通开关更换成触摸延时开关非常简便，不必改变原来的布线。

空气开关　在家庭配电箱里常常可以看到如图 5-4 所示的空气开关。空气开关也称空气断路器，一般连接在火线上。空气开关上标有额定电流，当流过的电流超过额定电流时，空气开关会自动断开，切断电路，从而起到保护电路的作用。空气开关集控制和保护功能于一身，是家庭电路中非常重要的一种电器。

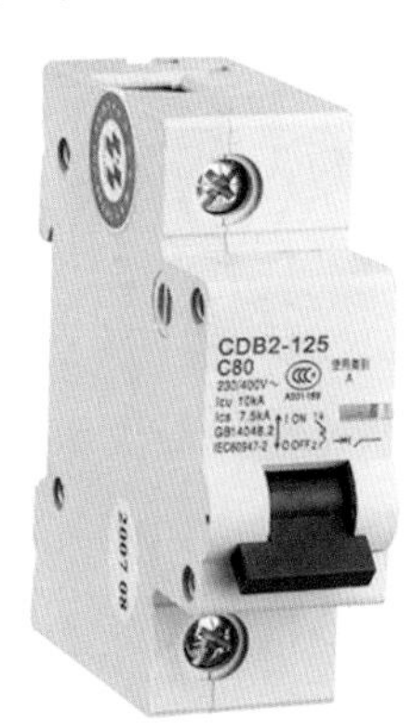

图 5-4　空气开关

按开关内部的脱扣方式，空气开关有热动脱扣、电磁脱扣，以及两种方式组合在一起的复式脱扣。如图 5-5 所示是复式脱扣空气开关的结构示意图，其工作原理如图 5-6 和图 5-7 所示。

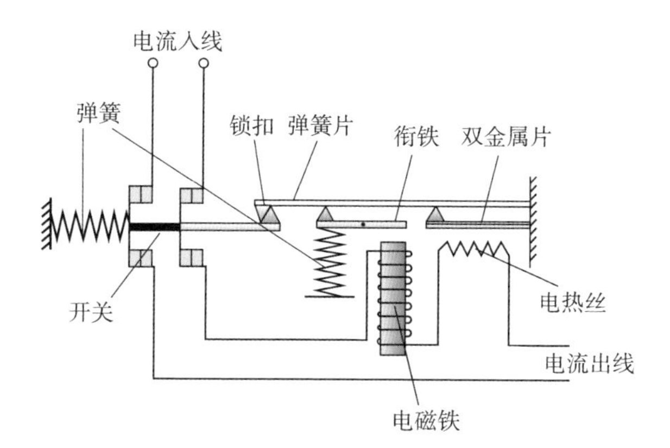

图 5-5　复式脱扣空气开关结构示意图

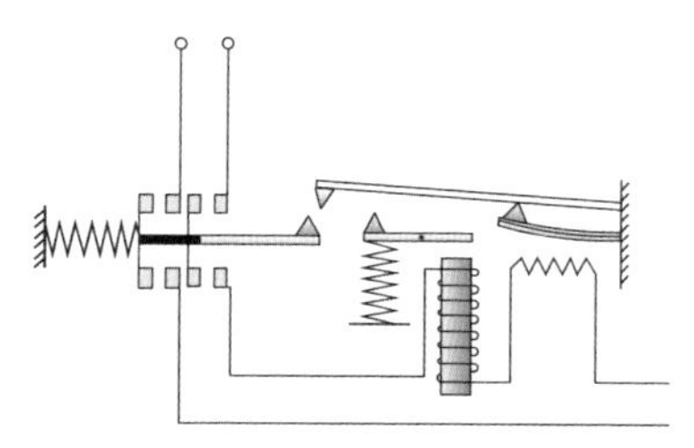

图 5-6　热脱扣过程：电路原先处于导通状态。当线路发生一般性过载时，过载电流虽不能使电磁脱扣器动作，但能使热元件温度升高，促使双金属片受热向上弯曲，顶起弹簧片使搭钩与锁扣脱开，将开关触头断开，切断电源

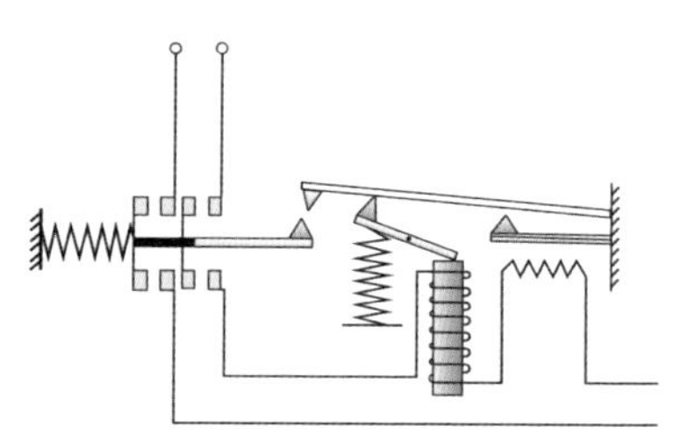

图 5-7　电磁脱扣过程：电路原先处于导通状态。当线路发生短路或严重过载时，电流瞬间猛增，电磁铁即时作出反应，立即将衔铁右端吸合。衔铁绕轴转动左端顶起弹簧片，使锁扣脱开，在弹簧弹力作用下，使开关断开，切断电源。而在这极短的时间内，双金属片的温度尚未明显升高，基本上保持原状

电器的接地

使用电器时最担心的就是电器漏电。所谓漏电是指电器导线的绝缘皮受到损坏等造成的电器带电的状态。特别是一些金属外壳的电器，如果外壳带上电，人接触外壳时就会发生触电事故。将电器与地线相连接，可以有效地防止电器漏电造成的危害。

虽然大地是一个导体，但通常只有地面以下几米深处的潮湿土壤才是良好导电的，地表一般不是良好导电的，所以尽管用电器放在地面上，并不等于电器已经接地。如果电器用橡胶轮支在地面上，就更谈不上是接地了。例如，图 5-8 所示的洗衣机，当其外壳与火线接触而发生漏电时，由于外壳跟地面之间的电阻较大，因而火线入地的漏电电流较小，不足以把保险丝熔断，外壳危险的带电状态就不能被消除。此时人体一旦触摸洗衣机的外壳，火线、洗衣机、人和大地之间就构成了一条电流通路，就有电流通过人体流入大地而危及人的安全。

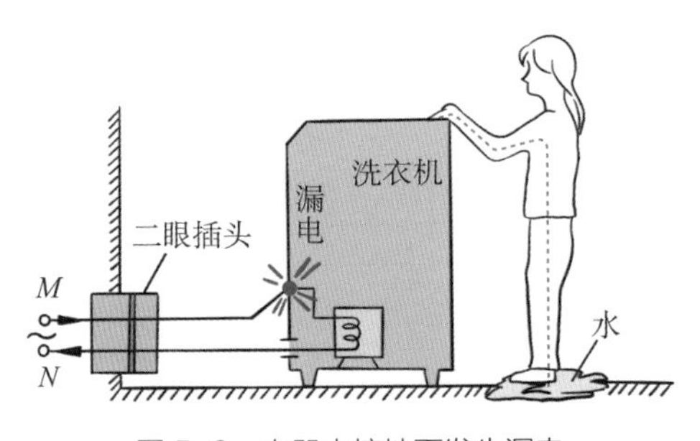

图 5-8　电器未接地而发生漏电

如图 5-9 所示，如果除了火线和零线之外，还有一条地线，其一端与深深埋入地下的金属体连接，另一端与电器的金属外壳连接，电器的外壳就良好接地了。此时一旦外壳与火线接触而带电，火线就会与电器的金属外壳、地线及大地之间构成一个通路，产生很大的入地漏电电流，这个电流足以使熔断器的保险丝熔断，或使断路器跳闸而切断电源，从而消除了对人的潜在危险。

图 5-9 电器接地而发生漏电

漏电的保护

虽然接地线可以对火线接触电器金属外壳而造成的漏电现象起到保护作用，但在电器中，火线接触金属外壳的故障并不常见，更为经常发生的是由于设备受潮、负荷过大、绝缘老化等造成的漏电现象。这些漏电电流值较小，不能迅速切断熔断器或断路器，但它对人身安全却构成了严重的威胁。为此人们发明制造了漏电保护器（图 5-10）。

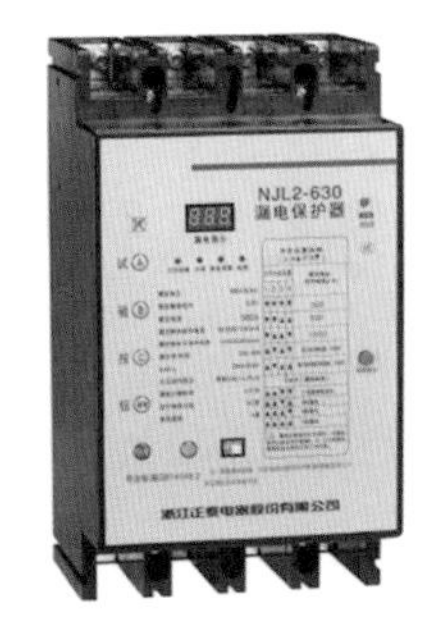

图 5-10　漏电保护器

漏电保护器也称漏电开关，它既可用作手动开关，又能起到漏电保护的作用。漏电保护器由绕在闭合铁芯上的线圈、电流放大器、磁性开关构成。正常情况下（图 5-11a），通过火线和零线的电流大小相等，方向相反，铁芯线圈上不会感应出电流。当电器发生漏电现象时，由于火线不但与零线构成通路，还和大地之间构成通路（图 5-11b 中的通路

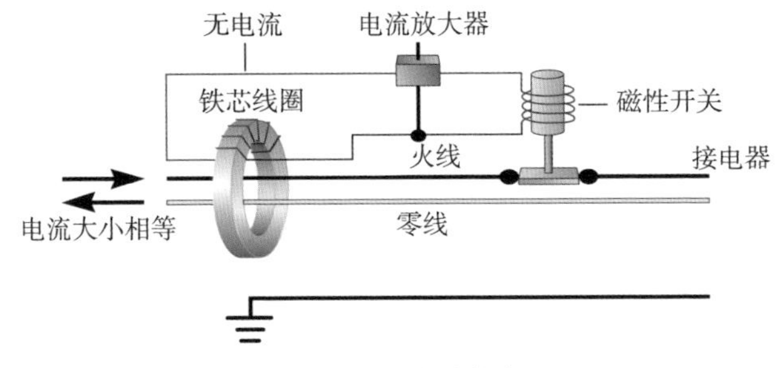

a. 未漏电时电路状态

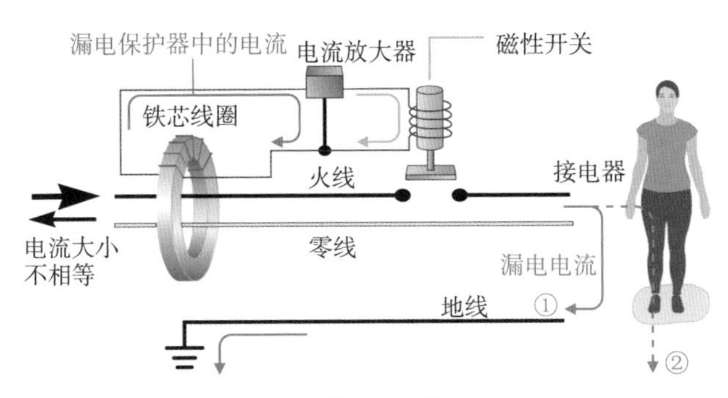

b. 漏电时电路状态

图 5-11　漏电保护器的工作原理

①），火线和零线上的电流就不再相等。这个微小的电流差会在铁芯线圈中感应出电流，这个电流经放大后会启动磁性开关自动切断电路。灵敏的漏电保护器能够对10毫安的漏电电流作出反应，并在0.025秒的时间内切断电路。

有的金属外壳的电器使用时如果没有采取接地的措施，此时漏电保护器也可起到保护的作用。当电器因漏电金属外壳带电时，如果人接触到电器的金属外壳时，将有漏电电流通过人体流入大地，如图5-11b中的通路②，此时，漏电保护器也会作出断路的反应，从而使人免遭触电的危险。

家庭的配电

每个家庭都有一个配电箱（图5-12），配电箱上安装的电器主要有断路器和漏电保护器。电工师傅通过配电箱，按一定的方式将家庭电源分配成多条支路，以提供给室内各处的插座和照明灯具。为便于分辨，不同的导线

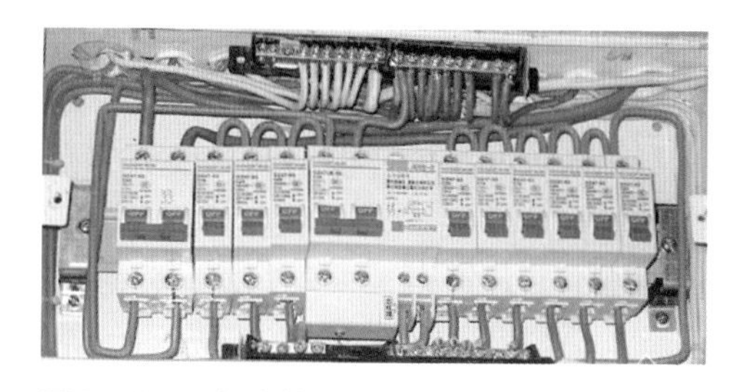

图5-12　已经安装配电电器并接线的家庭电路配电箱

使用不同的颜色，其中红色为火线，蓝色为零线，绿、黄双色为保护地线。

图 5-13 和图 5-14 所示的是家庭配电的两种基本方式，实际采用的配电方式是这两种配电方式的混合。

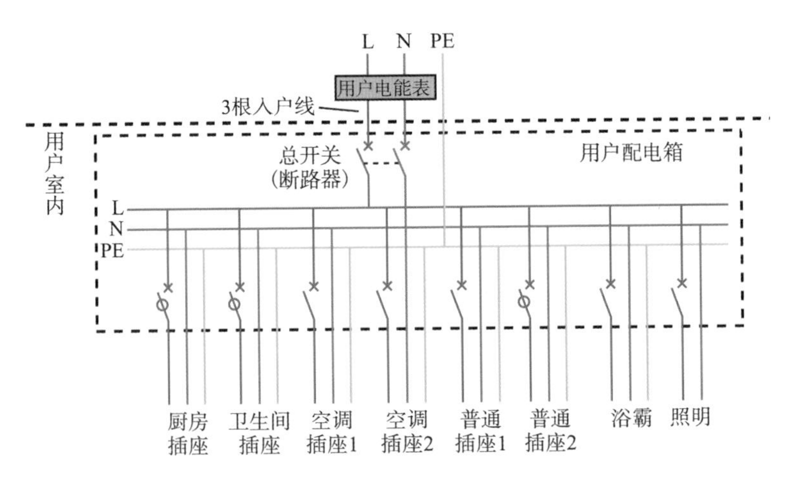

图 5-13　按家用电器的类型分配支路。从配电箱分出照明、电热、厨房电器、空调等若干支路。由于将不同类型的用电器分配在不同支路内，当某类型用电器发生故障需停电检修时，不会影响其他电器的正常供电。这种配电方式敷设线路较长，施工工作量较大，造价相对较高

为了使配电箱的安装更方便，线路更简洁，配电箱的边缘通常设有几个公共接线柱。公共接线柱把共同性质的导线连接在一起，如图 5-13 的配电电路图对应的接线图如图 5-15 所示。

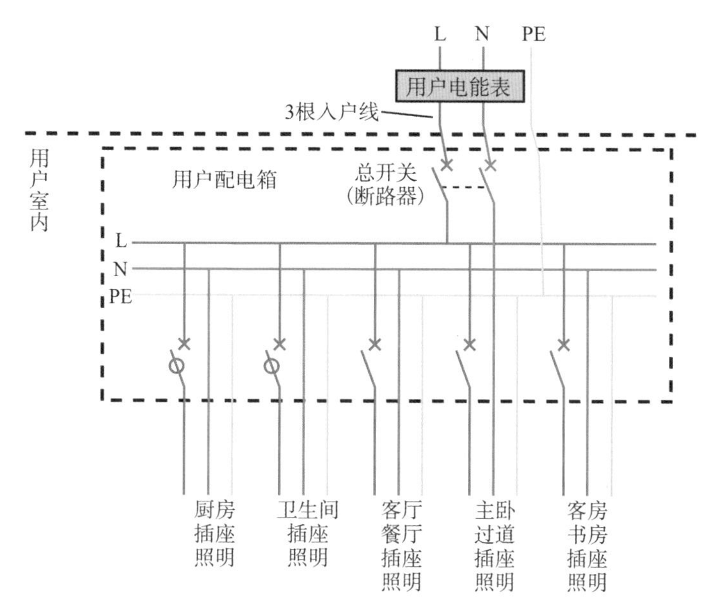

图 5-14　按区域分配支路。从配电箱分出客 / 餐厅、主卧室、客 / 书房、厨房、卫生间等若干支路。各室供电相对独立，减少相互之间的干扰，一旦发生电气故障时仅影响一两处。这种配电方式敷设线路较短，施工工作量较小，造价相对较低

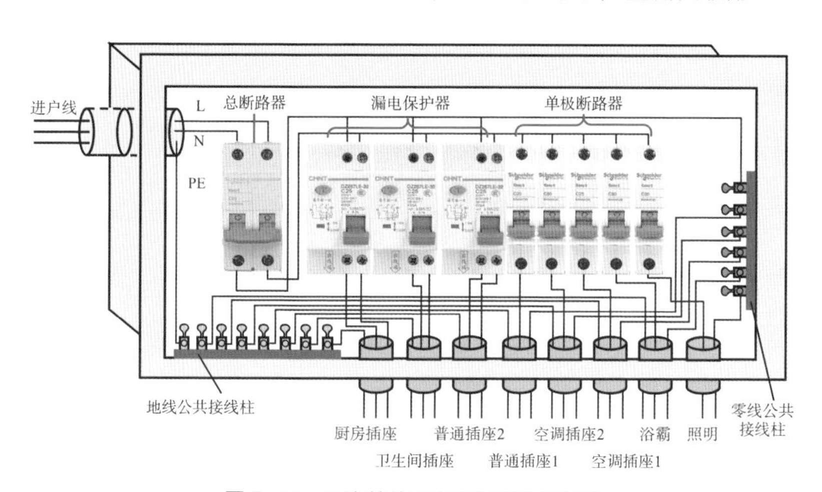

图 5-15　配电箱的配电电器接线示意图

测电笔的用途

为了安全用电，我们常常需要使用测电笔检测电路是否带电，导线是火线还是零线，以及检测用电器的外壳是否带电。

氖管式测电笔 如图 5-16 所示为氖管测电笔，它是因内部有一个氖管而得名的。普通测电笔可以检验 60 ～ 500 伏范围内的电压。使用氖管测电笔进行检测时，将测电笔探头接触带电体，手接触测电笔的金属笔挂（或金属端盖）。为了安全起见，测电笔不允许用来检测高于 500 伏的电压。

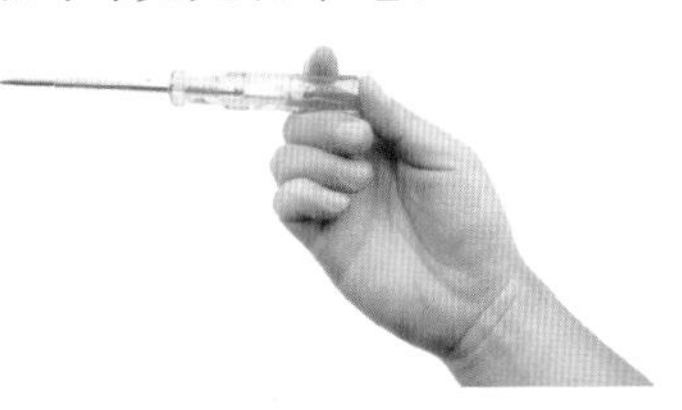

图 5-16 氖管测电笔

氖管测电笔的主要用途有：

（1）判断火线和零线。测电笔接触火线时氖管会亮，而接触零线时氖管不亮。

（2）判断电器的金属外壳是否带电。如果测电笔氖管发光，表明电器的金属外壳带电，且它与地面之间的电压不低于 60 伏。

（3）判断电压的高低。被测电压越高，氖管越亮。有经验的电工可以根据氖管的亮度判断出大致的电压范围。

（4）判断交流电和直流电。在用测电笔测试带电体时，如果氖管的两个电极同时发光，说明所测的为交流电；如果氖管的两个电极中只有一个电极发光，则所测为直流电。

（5）判断直流电源的正极和负极。如图 5-17 所示，将测电笔连接在直流电源的两极之间，氖管发光的一端所连接的为电源的负极。

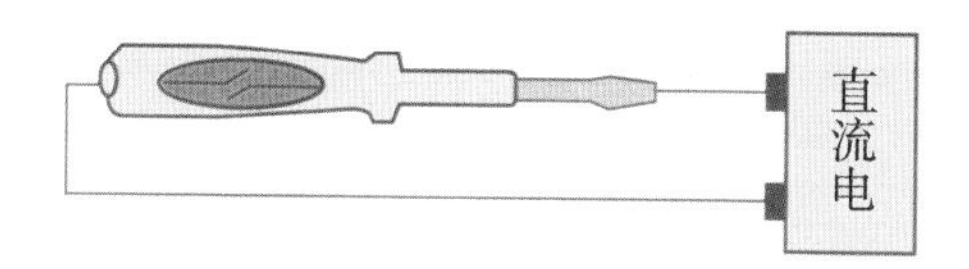

图 5-17　用测电笔检测电源的正、负极

数显式测电笔　数显式测电笔又称感应式测电笔，其外形和各部分名称如图 5-18 所示，笔上所标的“12 ～ 250 伏”表示该测电笔可以测量 12 ～ 250 伏范围内的交流或直流电压；测电笔上的两个按键均为金属材料，测试时手应按住按键不放，以形成电流回路。

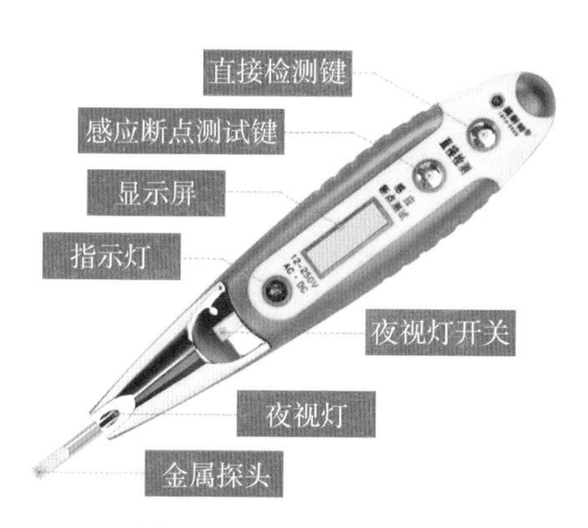

图 5-18　数显式测电笔

数显式测电笔的使用方法为：

（1）直接测试。将测电笔的金属探头接触被测导线或被测

物体，同时大拇指按住直接检测键不放。如果测电笔显示屏出现带电符号，则表明被测导线为火线，或被测物体带电；如果测电笔显示屏不出现带电符号，则表明被测导线为零线，或被测物体不带电。一些测电笔可显示 12、36、55、110、220 等值，其最后一个数值为所测电压值。如果所测电压未达到高端显示值的 70%，那么测电笔显示的是低端显示值。如果所测电压达到及大于高端显示值的 70%，那么测电笔显示的是高端显示值。例如，测电笔的显示值为 110 伏，而因为大于或等于 154 伏（220 伏的 70%）的电压显示的是 220 伏，所以，所测电压不可能大于或等于 154 伏；又因为小于 77 伏（110 伏的 70%）的电压显示值是 55 伏，所以，所测电压不可能小于 77 伏。所以，实际电压可能在 77 ～ 153 伏之间。部分测电笔在测量时，所测电压需达到高端值的 75% 才显示高端值，使用时请参照说明书。

（2）感应断点测试。测试时，将测电笔的探头接近但不接触被测物，同时手按感应断点测试键不放。如果被测导线为火线，或被测物带电，那么测电笔显示屏会出现带电符号；如果被测导线为零线，或被测物体不带电，那么测电笔显示屏上将不会出现带电符号。

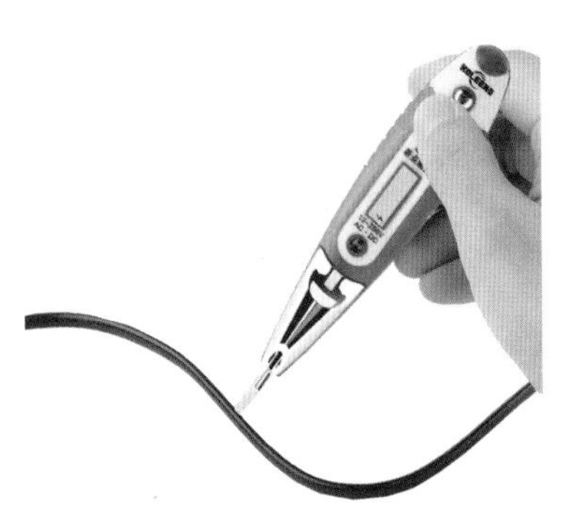

图 5-19　采用感应测量方法找出绝缘导线的断线位置

感应断点测试可用来方便地检测绝缘导线内部的断线位置。如图 5-19 所示，测试时，手按测试笔感应断点检测键，探头接触导线绝缘层，从接近供电方向的位置向远离供电方向移动，如果显示屏出现带电符号，表明之前没有断点。如果移动到某处时带电符号消失，表明此处内部导线存在断点。

校验灯的使用

电工师傅安装好家庭电路后，为了检查电路连接中有无存在故障，常常断开连接总断路器的火线，把一个连有两根导线的灯泡（图 5-20）接在火线断开的两端上。通过观看这个灯泡的明暗程度，电工师傅就能初步判断各个支路的连接情况，发现电路中的故障。因为这个灯是用来对照明电路连接的正确与否进行校验的，所以称为“校验灯”。校验灯是怎样检查照明电路的，它的工作原理是什么？

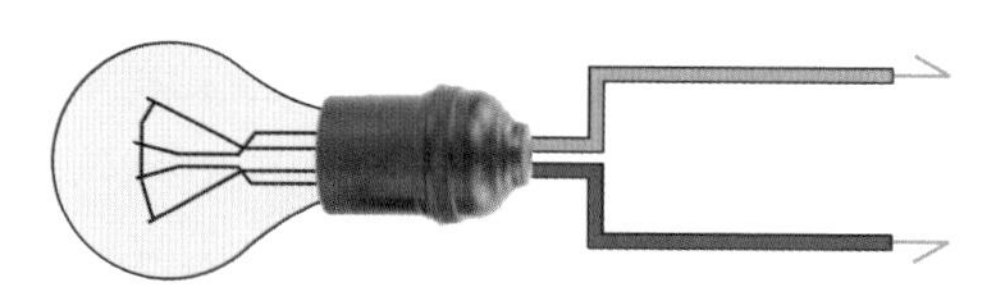

图 5-20　校验灯：导线用单芯线，并将芯线的头部折成弯钩状，既可以触碰线路，也可以钩住线路

校验灯在照明电路中的连接情况如图 5-21 所示，为了便于分析，设各支路分别只装一个灯泡。检查前，断开干路上连接总断路器的火线，把校验灯 L 串联在干路中，并将支路的开关 S_1、S_2、S_3 都断开。检查时，闭合总开关，可能出现如下几种情形：

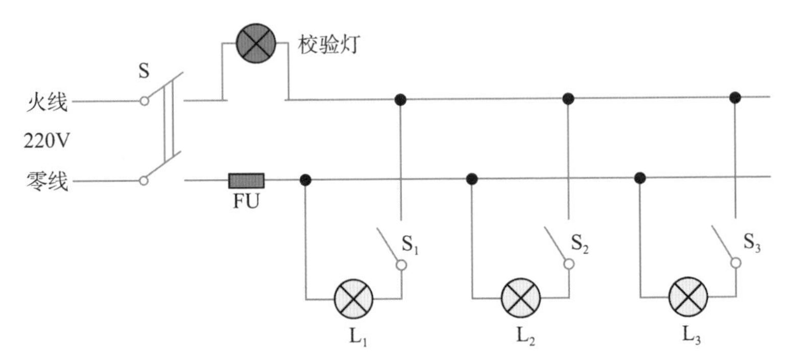

图 5-21　校验灯的检验原理（1）

（1）校验灯不亮，说明校验灯之后的线路无短路故障。

（2）校验灯很亮（亮度与直接接在 220 伏电压上一样），说明校验灯之后的线路存在火线与零线短路的故障，校验灯两端有 220 伏电压。

（3）校验灯不亮，但如果将某一支路的开关闭合（如只闭合 S_1），那么校验灯会亮，但亮度比较暗，说明该支路正常。校验灯亮度暗是因为校验灯与该支路的灯泡串联起来接在 220 伏之间（图 5-22），校验灯两端的电压低于 220 伏。

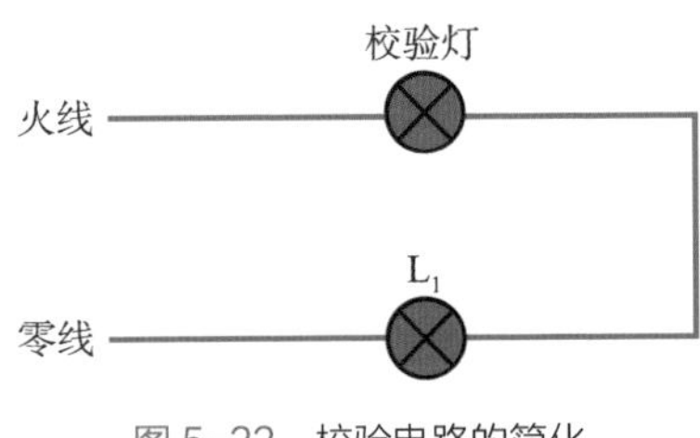

图 5-22　校验电路的简化

（4）校验灯不亮，但如果将某支路的开关闭合（如只闭合 S_2），若校验灯变得很亮(亮度与直接接在 220 伏电压上一样)，说明该支路出现短路（灯泡 L_2 短路），校验灯两端有 220 伏电压。

校验灯还可以检查某一支路上灯泡和开关哪一个出现开路故障。如图 5-23 所示，当校验灯未接入时，如果开关 S_3 置于接通状态时灯泡 L_3 不亮，那么可能是开关 S_3 或灯泡 L_3 存在开路。为了判断到底是哪一个损坏了，可将开关 S_3 置于接通状态，然后将校验灯并接在开关 S_3 的两端。如果此时检验灯和灯泡 L_3 都亮，则说明开关 S_3 存在断路故障；如果校验灯不亮，那么灯泡 L_3 存在断路故障。

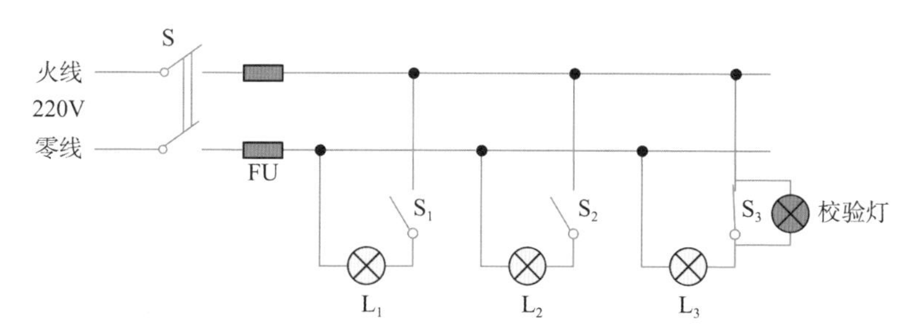

图 5-23　校验灯的检验原理（2）

用校验灯检查电路的方法简易可行，而且不用其他仪器，这就是它广泛地被用来检查照明电路的原因所在。

触　电

电的使用有严格的要求，如果我们使用不当，会造成触电的危险。什么叫做触电？触电有几种类型？

所谓触电，是指人体某一部位接触带电的导体，如接触处于带电状态的裸导线、开关和插座内的金属体，或接触绝缘性能丧失的用电设备，电流流过人体并对人体造成伤害。

决定电会不会对我们造成伤害的根本因素不是电压，而是电流。根据欧姆定律$I=\frac{U}{R}$，通过人体的电流 I 由人体的电阻 R 和人体上所加的电压 U 共同决定。人体的电阻依赖于人体所处的环境，其变化范围从浸泡在盐水中的 100 欧到皮肤非常干燥时的 500000 欧。汽车里用的铅酸蓄电池的电压为 12 伏，如果将两个铅酸蓄电池串联起来，总电压为 24 伏。当你用两只干燥的手分别接触电池的两极时，24 伏的电压并不会使你产生特别的感觉。但如果你的两只手是湿的，24 伏的电压就会让你感觉不适。这是因为当你的皮肤潮湿时，你身体的电阻变小了，同样的电压作用下通过你身体的电流变大了。这就是为什么不允许用湿手去触摸电器（图 5−24）的原因。

电对人是否造成伤害还跟通电的时间长短有关。例如，冬天干燥的天气里，人脱毛衣产生的静电就有数万伏的电压，但这么高的电压并不会让人触电。因为这是毛衣与身体之间的电压，而

图 5-24 虽然蒸馏水是良好的绝缘体，但是普通自来水溶解着其他杂质，人的汗水中溶解着盐，它们以离子的状态存在于水中。这些离子大大降低了水的电阻。所以不允许用湿的手去触摸电器

不是身体两端的电压。实际上，毛衣放电的电流并不大。更重要的是，由于毛衣所带电荷量极少，静电释放时通过人体的电流时间极短，所以并不会让人触电身亡。同样道理，警察使用的电警棍所带的静电电压高达 50 万伏，这也是电警棍与人身体之间的电压，而不是身体两端的电压。人受到警棍的电击时，电警棍放电的电流并不大，而且放电的时间极短，人受击时会全身麻木，浑身无力，但通常不会致命。

触电有不同的类型，根据触电的原因，可将常见的触电分为低压触电（单相触电、双相触电）和高压触电（跨步电压触电、电弧触电）等类型。

链接

触电时人体是被弹开还是被粘住

手被高温物体烫着时，会像立即被弹回来一样，这是人对外界刺激作出的反应，它是肌肉未经大脑所作出的即时的反应。人在触电时会作出怎样的反应呢?

当人触电时，如果电流不大，虽然人会感觉难受，但大部分人仍能自主地摆脱电源。但当电流达到 20 毫安及以上时，人通常就难以摆脱电源。这是因为肌肉受到电流的刺激而作的收缩反应是反射性收缩，并不受大脑的控制。如果肌肉幸运地向着脱离电源的方向收缩，这看上去人好像是被电力弹开一样；如果肌肉不幸地向着握紧电源的方向收缩，这看上去人好像是被电力粘住一样。所以，人触电时是被弹开还是粘住都有可能。

鸟儿为什么不怕高压线

为了防止人触电，家庭电路上的电线都用绝缘材料包裹。被架高的高压线外面并没有绝缘材料包裹，我们却常常看到鸟儿安然自在地站在几万伏甚至几十万伏的高压线上（图 5-25）。为什么站在高压线上的鸟儿不会触电而死呢？

图 5-25　在高压线上安然自在的鸟儿

我们知道，人体是导体，电流可以通过人体。电流对人体的危险性跟电流的大小、通电时间的长短等因素有关。如果人手不慎接触带电体，当通过人体的电流为 8 ～ 10 毫安时，人手就很难摆脱带电体；通过人体的电流如果达到 100 毫安，只要很短的时间，就会使人窒息，心跳停止，即发生触电事故。

通过人体的电流大小跟加在人体上的电压及人体的电阻有关。如果你用两只手接触一节干电池的正负极，虽然也有电流从你的身体中流过，但由于加在你两只手上的电压只有 1.5 伏，通过人体的电流极其微弱，所以，你并不会发生触电的危险，甚至对通过的电流毫无感觉。通常认为，当加在人体上的电压不高于 36 伏时，人是不会出现触电的危险的。

鸟儿站在一条高压输电线上时，因为它的身体没有跟大地接触，所以它既不会造成双相触电，也不会造成单相触电。由于高压放电现象是在高压线和大地之间进行，站在高压线上的鸟儿发生高压电弧触电的可能性极小，也不可能出现跨步电压触电。因为鸟儿不具备触电的条件，所以虽然它站在高压线上，但并不会出现触电现象。

但是，鸟儿的两只爪子站在电线的不同位置上，两只爪子之间还是存在电压的，因此，还是有电流通过鸟儿的身体。假设用 LGJ 型钢芯铝绞线输送 22 万伏的高压电，导线的横截面积是 95 平方毫米，容许通过电流为 325 安，如果小鸟两爪间距离是 5 厘米，这段 5 厘米长的导线电阻只有 1.63×10^{-6} 欧，由公式 $U=IR$ 可算得，这段导线两端的电压不会超过 5.3×10^{-4} 伏，这就是加在小鸟身上的电压。如果鸟儿身体的电阻是 1000 欧，那么通过鸟儿身体的电流仅 0.53 微安。如此微弱的电流通过鸟儿，对鸟儿是不会构成危害的。

鸟类有一种习惯，它常常站在高压电线杆的横臂上在电线上磨嘴，或者站在电线上在电线杆的横臂上磨嘴。因为横臂没有绝缘，横臂与电线之间存在着很高的电压，这样，鸟儿一触到有电流的电线，就不可避免地要触电身亡了。当然，如果鸟儿的身体同时接触到两根电线，也将会有极大的电流通过鸟儿的身体，使它触电身亡。我们看到电线杆的横臂上总是固定着一串长长的支柱绝缘子（图 5-26），支柱绝缘子的基本作用是支撑电线和防止电流回地。由于支柱绝缘子做得足够高，还可以避免鸟的身体同时接触电线杆上的横臂和电线，可起到保护鸟类避免使其触电的作用。

图 5-26　电线杆上的绝缘子

第6章

电的生产

电是现代生活不可缺少的东西（如图 6-1）。让我们想象一下没有电的情景吧：没有电，夜晚将一片漆黑，列车无法行驶，电梯无法升降，电话、手机的通信也无法进行，甚至连自来水都无法输送。那么，你知道我们生活中所用的电是怎样生产出来的吗？

图 6-1　电使可以使夜晚变成白昼

火力发电

利用发电机发电，首先必须要有动力来推动发电机转动。火力发电属于蒸汽发电，所有蒸汽发电都是利用高温高压的蒸汽推动汽轮机转动产生动力，从而带动发电机转动而发出电来，其工作流程用图 6-2 来表示。

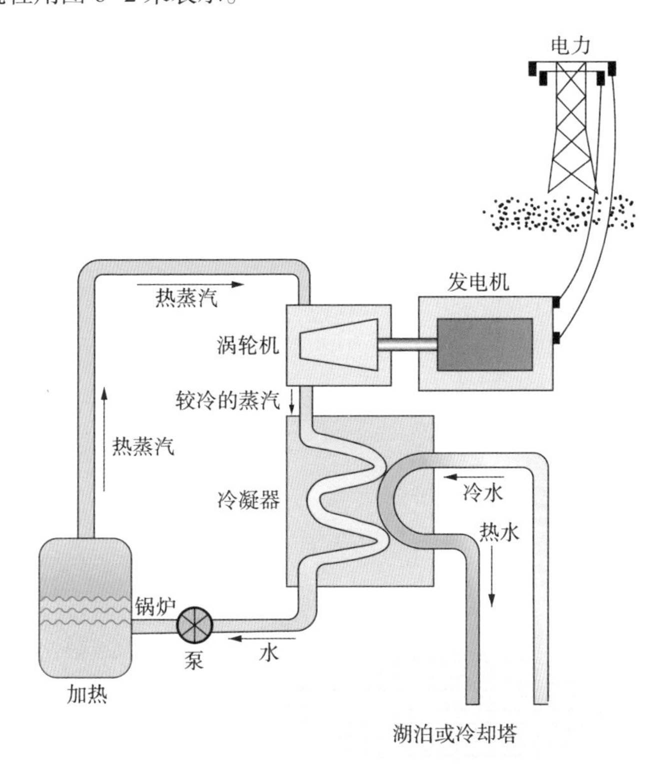

图 6-2　蒸汽发电厂工作流程示意图

火力发电是以燃烧化石燃料，如煤炭、石油、天然气等，来加热锅炉里的水，使之变成蒸汽，推动汽轮机，再带动发电机发电。核电站和太阳能光热电站分别是利用核能和太阳辐射能将水变成蒸汽，可见，各种方式的蒸汽发电只是产生蒸汽的方式有所不同，而由蒸汽产生电力的原理是相同的。

火力发电是将燃料的化学能转化为电能的过程。在火力发电厂，燃烧室中的燃料在锅炉外燃烧，将其化学能转化为内能，产生的内能传给锅炉中的水，使之产生高温高压的蒸汽。在超高压机组的锅炉里，所产生的蒸汽温度超过 500 摄氏度，压强高达数百个大气压。蒸汽通过管道送到大型旋转装置汽轮机上，当汽轮机前部的压强比后部的压强高时，它就会转动起来，这样就把蒸汽的内能转化为汽轮机的机械能。汽轮机带动发电机旋转发出电来，把机械能转化为电能。

火力发电会消耗大量的化石燃料，一个 1000 兆瓦功率的燃煤发电厂，每秒钟大约需要燃烧 100 千克的煤炭，所以，一天大约要消耗 10000 吨煤炭。如果用 50 吨载重量的货车运载，则每天需要向电厂运进约 200 车煤炭。

燃煤电厂会从烟囱排放大量的氮、硫氧化物、二氧化碳以及细小的固体颗粒。据粗略计算可知，如果某电厂一天要燃烧 10000 吨煤炭，那么该电厂每天要排放 850 吨二氧化硫，740 吨氮氧化物和 26200 吨二氧化碳。氮和硫的氧化物会导致酸雨，二氧化碳则是全球变暖的元凶。还有大量内能将冷凝水加热，这些废热如果排放到湖泊或河流，会造成热污染。我国火力发电，尤其是燃煤发电在电力结构中占有的比例远高于世界平均水平，如何采用新的技术，开发清洁能源，以及实现火力发电，特别是燃煤发电的超低排放，已经成为国家的强力行动。

水力发电

你知道长江三峡水电站吗？这是世界上最大的水力发电站，装机总容量高达2240万千瓦。水力发电有多种方式，大多数水力发电的方式是：通过在河流上建筑拦河大坝，把上游的水聚集在一个水库中。这些储存在高处的水以控制的流速向低处流动时，冲击安装在大坝底部的水轮机，使水轮机转动，进而带动发电机转动而发电，如图6-3所示。水力发电是将水的机械能转化为电

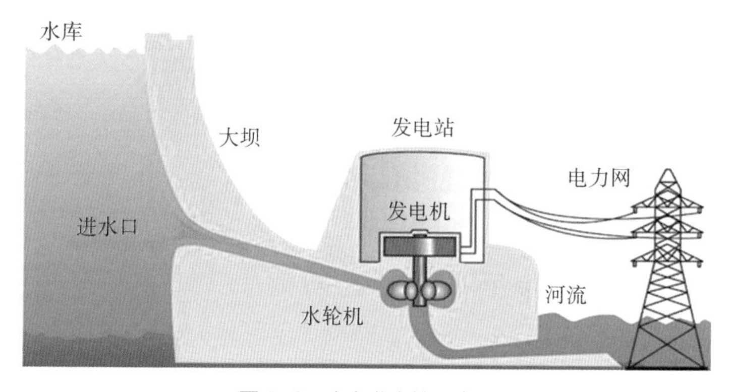

图6-3　水力发电站示意图

能的过程。目前全球水力发电的总量约占电能总量的20%，是居于火力发电之后的第二大电能的来源。

水电的最大优点是清洁，为发电而建造的水库在防洪、灌溉、航运、观光等方面也会带来好处，但建筑堤坝蓄水会造成大面积土地淹没，迫使人们搬离家园；还会淹没珍稀植物，毁坏野生动物的栖息地，破坏鱼类的迁徙路线；水的静态化，会使污染物不能及时下泻而蓄积在水库中，造成垃圾漂浮和水质恶化；大面积的蓄水，一方面使山体被蓄积的水浸泡，大容量水的压力，可能对地质造成破坏，另一方面也可能会对生态环境造成影响。

除了江河，海洋也是人类可利用的水力资源。海浪发电和潮汐发电也是水力发电的方式。目前全球的潮汐发电站数量极少，但是，由于潮汐能比风能、太阳能更容易预测，所以具有很好的发展潜力。

三峡水电站2018年发电量为1000亿千瓦时，燃烧1吨标准煤可发电量约6944千瓦时，并排放2.62吨二氧化碳。利用三峡水电站发电，1年可少排放多少吨二氧化碳？

风力发电

风能即空气流动所产生的动能，它是太阳能较为直接的一种转化形式。太阳辐射造成地球表面各部分受热不均匀，引起大气层中气压分布不平衡，空气沿水平方向的运动形成风。自古以来，人们就利用风力扬帆远航、转动风车磨面粉和抽水。现今的风力发电是将风的动能转化为电能的过程，风吹到风力涡轮机的叶片上，推动风力涡轮机，进而带动发电机转动（图6–4）。可见，与蒸汽发电不同，风力发电不是利用高温高压的蒸汽推动涡轮机

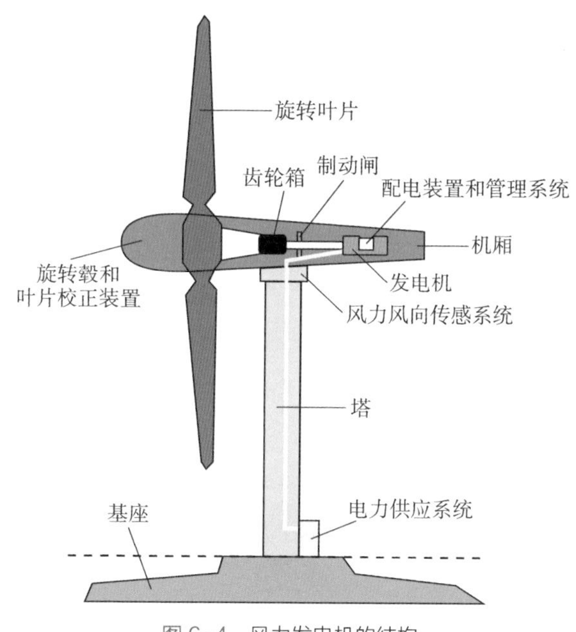

图6–4　风力发电机的结构

转动，而是风推动风力涡轮机转动。

风力是一种取之不尽、用之不竭的自然资源。事实上，有稳定持续风力的任何地区，都可以开发、利用风能。通常在海洋、高山、草原等地区，风力较为强劲，而且持续。使用风能的另一个优点是建立风力发电厂比较方便，且可根据需要扩大规模。风能是一种清洁能源，风力发电没有废气废物的排放，不需要冷却水，风力涡轮机下面的土地仍可利用，因此，风力发电是一种廉价的发电方式，具有十分广阔的发展前景。

风力发电是一项成熟的技术，大型风力发电厂的发电成本已经和煤炭发电相近。近年，风力发电有了很大的发展，风电在全社会用电量中的比重逐年增加。

但风力发电受到天气的影响，在风力不稳定的地区，它无法持续提供稳定的电能。此外，风力发电还会扰乱甚至杀死迁徙的鸟类，以及在风电场中觅食的鸟类。

地热发电

你知道间歇泉吗？间歇泉（图 6–5）是指定期喷发的温泉，多发生于火山运动活跃的区域，有人把它比作“地下的天然锅炉”。间歇泉是在地下深处循环的热水通过岩石间的狭窄通道往上涌时形成的。正如一个部分堵塞的水管中的压力会逐渐增大一样，在这些狭窄出口处的压力也会渐渐增大。结果，高压下的气体、水蒸气和热水会突然爆发出来，直冲天空。

图 6-5　美国黄石公园的“老忠实”间歇泉，它每小时喷一次，从小到大，最高可以达到几十米

利用地热发电最直接的方法是：通过钻井直接把地下的热水或蒸汽抽出来，或将冷水输入地下，经过炽热岩层加热后产生热水，用热水加热低沸点的液体产生高压的蒸汽（图 6-6），或冷水吸收地热后直接变成高压的蒸汽，推动汽轮机，进而带动发电机发电。可见，地热发电也属于蒸汽发电。

图 6-6　地热发电的过程

地热贮量丰富，安全可靠，但地热的输送成本很高，因此，地热只能在热源地附近利用。此外，地下水中含有大量的矿物质，这会堵塞输送这些热水的水管，还会污染地表水，等等。

太阳能发电

太阳能发电是将太阳能转化为电能的过程。太阳能发电有两种方式，一是光热发电，二是光伏发电。

太阳能光热发电也是一种蒸汽发电，是利用太阳的辐射加热水产生蒸汽，其能量转化的过程是“光—热—电”。具体地说，它是利用大规模阵列反射镜面收集太阳内能，通过换热装置产生高温高压蒸汽，推动汽轮机带动发动机，从而达到发电的目的。太阳能光热发电常用的有两种技术，一是槽式太阳能光热发电，如图 6-7 所示；二是塔式太阳能光热发电，如图 6-8 所示。

采用太阳能光热发电技术避免了昂贵的硅晶光电转换装置，可以大大降低太阳能发电的成本，而且，光热发电有一个光伏发

图 6-7　槽式太阳能光热发电系统。它是用反射式太阳能收集器追踪太阳的移动，并将太阳光聚焦到装有高沸点液体的管子上，加热后的液体输送到机房，对水加热产生蒸汽进行发电

图 6-8　塔式太阳能光热发电系统。也称为集中式太阳能光热发电，它是用太阳追踪反射器将太阳光聚集在中心吸收塔顶部的吸热器上，聚集的太阳辐射能转变为内能，然后传递给内部的液体产生蒸汽进行发电

图6-9　利用光伏发电点亮路灯

电无法比拟的优势，即它可以利用储能物质将白天吸收而用不掉的一部分内能储存起来，到晚上太阳落山之后再释放出来发电。

与光热发电方式不同，太阳能光伏发电不需要汽轮机和发电机，它是利用光伏电池板（也叫太阳能电池板）等装置将太阳辐射能直接转化为电能。光电池是由一层层的硼、磷和硅片组成的薄而透明的晶片，如图6-9所示，当阳光照射到光电池上时，电池释放出电子而形成电流。由光电池产生的电能，可以储存在专用蓄电池里。

相对于其他发电方式，太阳能发电成本相对较高，但太阳能是一种清洁能源，不会排放二氧化碳及其他污染物。光伏电池安全可靠，对民众生活无干扰，使用寿命长达30多年，并且安装快捷，移动方便，可以把大量电池板安装在沙漠或没有用途的空地上，甚至可以安装在汽车或飞机上（图6-10），为交通工具提供动力。所以，随着技术的发展，发电成本的逐步降低，太阳能发电受到越来越多国家和地区的重视。

图6-10　全球最大的太阳能飞机“太阳驱动2号”

核燃料发电

核燃料发电与火力发电、地热发电一样，也是蒸汽发电，其工作流程如图 6-11 所示。由图可见，与火电站不同的是，核电站是靠在一个穹顶外壳内部的核反应堆里发生核反应，释放出巨大的内能把水加热，进而产生高温高压蒸汽的。

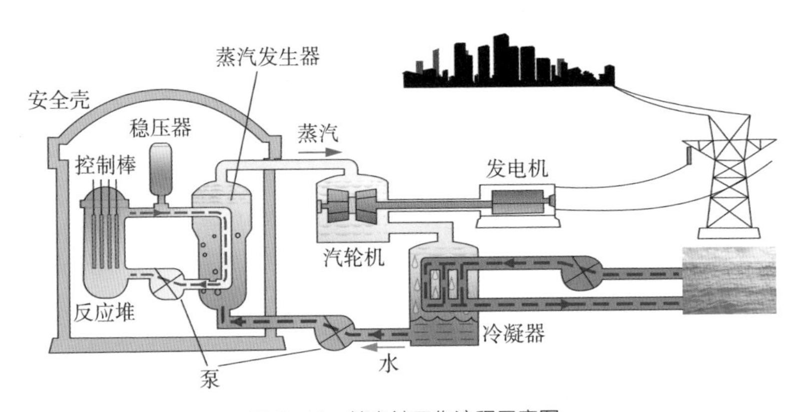

图 6-11　核电站工作流程示意图

目前运营的核电站都是利用原子核的裂变工作的，核反应堆是核电站的心脏，它是维持可控自持链式核裂变反应，以实现核能利用的装置。核反应堆含有将核能转化为内能的核燃料、将内能从燃料中带出来的冷却剂、控制核反应的控制棒。将控制棒推进或抽出反应堆，就可以加快、减慢或停止核反应。大多数核反应堆都是利用水冷却，水通过反应堆的中心循环，将参与核反应的燃料棒上的内能带出来。这些内能用来生产出推动蒸汽涡轮机的蒸汽。

水冷式反应堆中的核燃料是放射性物质铀（图 6-12），但要将铀由天然浓度 0.7% 略加浓缩到 3%。就像高酒精度的白酒可以燃烧，而低酒精度的啤酒可以灭火一样，用来发电的低浓度铀与用来制造核弹的高浓度铀（90%）的性能完全不同，核动力反应堆不会像一枚真正的核武器那样发生爆炸，也不可能将这种铀直接用来制造核弹。

图 6-12　核电站中所用的核燃料——由二氧化铀粉末压成的小圆柱块

在核电站中，要将核反应释放的内能输送出来，需要有两套相互隔绝的封闭管道。一套管道与反应堆相通，利用泵的动力，使反应堆中高达 300 多摄氏度的高温水引出来，加热蒸汽发生器中的水。虽然这些水温度很高，但由于堆心压力容器中的高压使这些水不会沸腾而产生气泡。在蒸汽发生器中，另一套循环管道与蒸汽机相通，管道里的水被加热而产生了高温高压的蒸汽，推动汽轮机。因为反应堆里的水具有很强的放射性，这些水必须与电站的其他操作部分隔离，不得发生泄漏。

由于核反应会使堆心、压力容器和前一套循环管道具有极强的放射性，所以，核电站将这些部件封装在一个厚实的混凝土结构中。为了进一步防止意外，核电站还要建造一个巨大的密封穹顶钢筋混凝土外壳，如图 6-13 中的圆顶建筑物，这个外壳约有 1

图 6-13　中国岭澳核电站，几个圆顶建筑物里面是核电站的反应堆

米厚度，可以抵抗得住相当于一架喷气式飞机坠毁的冲击力。

核电站与火力发电站一样，也是利用高温高压的蒸汽来发电，但在核电站中，蒸汽不是由燃烧化石燃料产生的，而是核燃料反应时释放出的大量热量产生的。生产核电对大气不会产生二氧化碳排放，一座每天燃烧 10000 吨煤炭的大型燃煤电厂所发出的电，如果由核电站来发，只需要 58.3 千克的核燃料。所以，核电的利用可以极大缓解化石能源的消耗和对环境的影响。

但是，核电站本身的安全性和核废料的处理，一直为公众所担心，1979 年美国三里岛核电站、1986 年切尔诺贝利发生的核泄漏，以及 2011 年因海啸而导致日本福岛第二核电站放射性物质的泄漏，都造成极其严重的后果。如何提高核电的安全性，是科技人员一直努力的方向。

链接

核聚变发电

获得核能的主要途径有裂变和聚变。核裂变是较重的原子核分裂成两个或多个较轻的原子核，并释放出能量的过程；核聚变是两个较轻的原子核聚合为较重的原子核，并释放出能量的过程。

目前的核电都是利用重核裂变获得的。裂变需要的铀等重金属在地球上含量稀少，而且使用后会产生半衰期长、放射性较强的核废料。虽然人类已经实现了氘、氚核的聚变——氢弹爆炸，但这种不可控制的瞬间能量释放只会给人类带来灾难，而解决能源问题需要的是受控的核聚变。

核聚变能可谓取之不尽，因为海水中富含氘和氚，每1千克海水可提取0.03克的氘，这些氘在聚变中所产生的能量，相当于300千克汽油完全燃烧发出的能量。海洋里约含有20000亿吨氘，即使人类需要消耗的能量比现在增加1000倍，也够用上亿年。核聚变能是洁净的能源，其反应产物氦并不具有放射性。核聚变能也是安全的能源，因为聚变需要极高的温度，一旦某一环节出现问题，燃料温度下降，聚变就会自动中止。

由于可控核聚变诱人的前景，一些国家倾注人力和财力对其深入地研究。我国的受控核聚变研究走在世界的前列，在科学实验上取得了许多重大的突破，但要实现核聚变发电，为人类制造出一个小太阳，还要走很长的道路。

燃料电池发电

燃料电池是一种将持续供给的燃料与氧化剂中的化学能连续不断地直接转化为电能的发电装置。燃料电池在原理和结构上和普通电池完全不同。燃料电池的活性物质是存储在电池之外，只要不断地供给燃料和氧化物就一直能发电，因而容量是无限的。燃料电池从外表上看有正负极和电解质等，像一个蓄电池，但实质上它不能储存电能，而是一个发电的装置。

目前发展最好的燃料电池是使用氢气作为燃料。但在这种电池中，氢燃料并不发生燃烧，它是利用电解水的逆反应产生电，其工作原理如图 6–14 所示：在燃料电池中有两块极板，与输入的氢气接触的一极称为燃料极（电池的负极），将氧气接触的一极称为空气极（电池的正极）。在催化剂的作用下，氢气在燃料极变成氢离子（即质子）和电子。电子通过外部电路到达空气极，形成电流，氢离子通过电解质到达空气极，

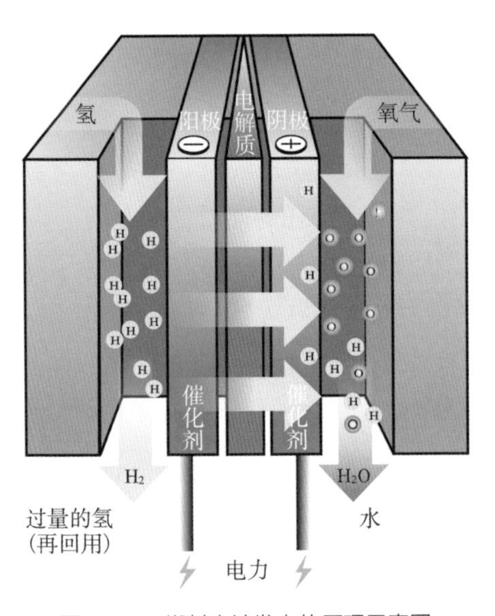

图 6–14　燃料电池发电的原理示意图

与电子和氧原子重新结合成水，输出电池。可见，在燃料电池中，燃料并不是通过燃烧，把化学能转化为内能，再把内能转化为电能，而是通过电化学反应，“静悄悄”地将化学能转化为电能的。但对电池来说，其物质反应的初态和终态与燃料燃烧反应相同。

燃料电池属于清洁能源，由于其反应过程就是无污染的水反应，反应过程不会产生污染物，其主要污染物来自燃料，可能存在氮氧化物等污染。与普通火力发电的空气污染以及传统电池的重金属污染相比，燃料电池对环境的污染程度很低。而氢燃料电池的燃料是纯净无污染的氢气，其排放的唯一“废产物”就是能够饮用的“纯净水”！可以说，氢燃料电池是一个能真正实现零污染的环保能源。

燃料电池的发电效率较高。在各种发电方式中，传统火力发电效率在 30% 左右，远低于燃料电池平均效率 40% ～ 60%。而在汽车领域的应用中，燃料电池的效率可达 60%，也高于目前汽车普遍使用的内燃机的效率。

航天器使用氢燃料电池来满足其电力需求。氢气和氧气都存储在航天器的压力容器中，电池产生的饮用水可供航天员生活之用。一些以燃料电池为动力的汽车（图 6-15）也已开始运营。未来，商业建筑以及单个家庭中也能配备燃料电池作为一种能量来源。但是，由于目前用燃料电池生产电比其他方法要更昂贵些，所以，燃料电池未能得到广泛的应用。例如，氢燃料电池首先要解决如何得到燃料氢这一问题，虽然氢是宇宙中最丰富的元素，而且也普遍存在于我们周围的环境中，但它结合在水和有机物分子中。要把氢从含氢物质的分子中分离出来，需要提供能量，而这些能量通常是用常规能源提供的。再如，氢气遇明火极易爆炸，难以储存、运输和安全地使用。所以，要让燃料电池得以大规模使用，还需要在技术上做许多探索。

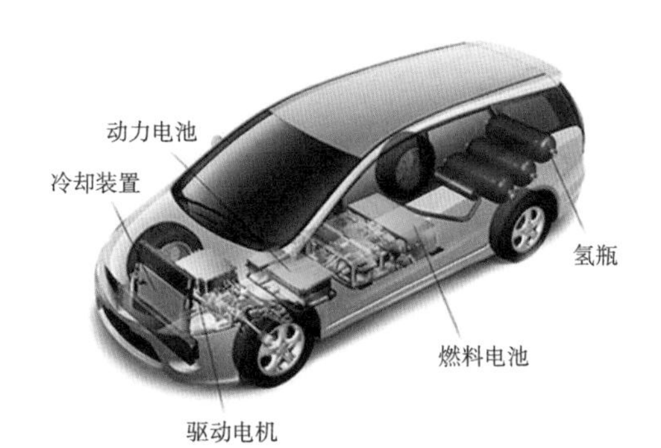

图 6-15　燃料电池汽车

链接

抽水蓄能电站

一天之中不同时间的用电量不同。用电高峰时电不够用，用电低谷时电却用不掉。人们希望能够将用电低谷时富余的电储存起来，供用电高峰时使用，但电站向外输送的交流电是不易储存的。抽水蓄能电站就是为解决这个问题而建造的。抽水蓄能电站安装有抽水—发电两用机组，

链接

如图 6-16 所示。在用电低谷时间，两用机组作抽水机用，利用电网中富余的电能，将下水库中的水抽到上水库中。这样就把电网中富余的电能转化为水的机械能储存在上水库中。在用电高峰时间，上水库放水，两用机组作发电机用，将上水库中水的机械能转化为电能，向电网输送。抽水蓄能电站通过电能与机械能的转化实现了交流电能的储存问题。

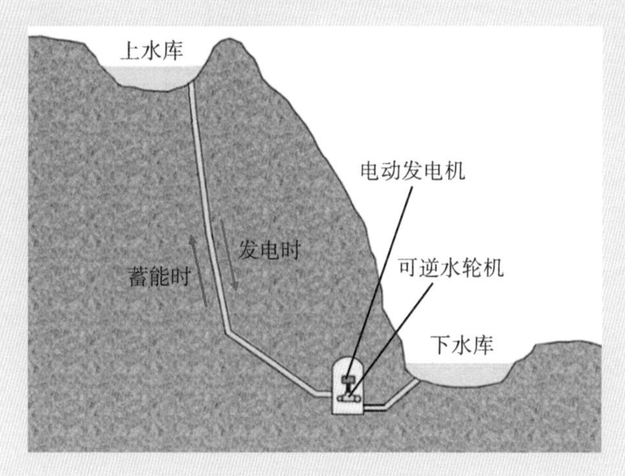

图 6-16　抽水蓄能电站示意图

由上述分析可见，抽水蓄能电站的根本作用不是发电，而是蓄电。它是通过用电和发电实现电能的储存和提取的。

第7章

神秘的磁

当你第一次用磁体吸起铁器的时候，当你看到一个地球仪能够悬浮在空中，并能自由旋转的时候（图 7–1），你一定会对生活中这些奇妙现象感到无比惊讶。科学技术的发展，使得磁体在我们的生活中扮演着越来越重要的角色，从手机到电冰箱，从电风扇到发电机，许多生活用品和生产设备中都可以找到磁体。

图 7–1　悬浮地球仪

磁是如何产生的?

把一条磁棒从中间折断分成两段后(图 7-2),每段仍然有两个磁极,为什么会这样呢?磁体的磁性是如何形成的呢?

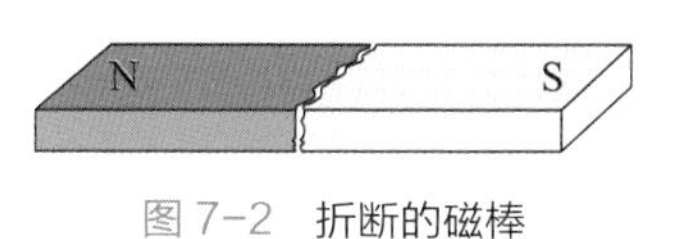

图 7-2 折断的磁棒

早在 1820 年,丹麦物理学家、化学家奥斯特就发现了电流能产生磁场的物理现象,揭示了电与磁是有内在联系的。电流是电荷运动形成的,电流能产生磁场,也就表明运动的电荷能产生磁场。那么,磁体的磁性是不是也跟磁体内部的电荷的某种运动有关呢?

如图 7-3 所示为直线电流产生的磁场,如果我们把直导线的首尾相连,就得到了一个环形电流,其周围的磁场如图 7-4 所示。从侧面看(图 7-5),环形电流产生的磁场与小磁体产生的磁场很像。

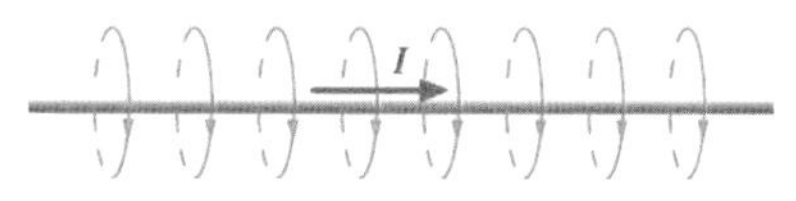

图 7-3 直线电流产生的磁场

与地球绕太阳的公转和自转相类似,原子中的电子也绕原子核公转和自转(图 7-6)。电子的公转和自转会形成一个环形电流(安培称之为"分子电流"),从而产生磁场。这样,每个原子都相当于一个微小磁体。对于大多数物质,这些原子形成的微小磁体总是无规则排列的,这使得从宏观上看,这些微小磁体的磁性相互抵消,不显现出磁性。

对铁磁材料，其内部一些小区域中，各个电子运动产生的磁场相互作用，会自发地整齐排列，这个小区域就具有较强的磁性，这样的小区域叫做磁畴（图 7–7）。磁畴的体积约为 10^{-12} ～ 10^{-9} 立方米，其内含有约 10^{17} ～ 10^{20} 个原子。在没有外磁场时，铁磁质内各个磁畴的排列方向是无序的，所以铁磁材料对外也不显现磁性。

但是，在外磁场的作用下，铁磁材料内部的磁畴排列方向就

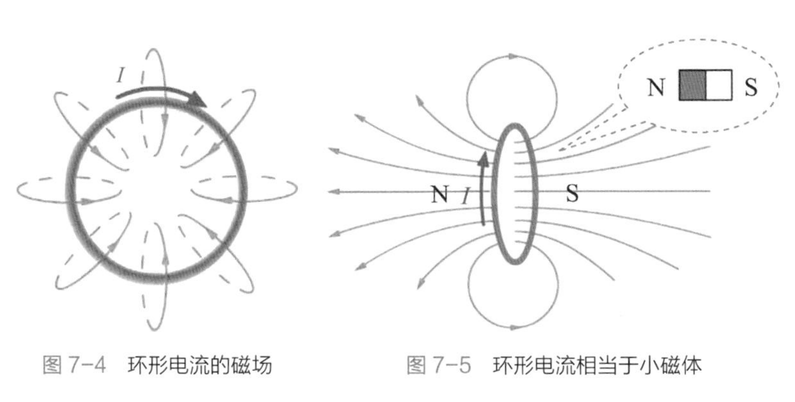

图 7–4　环形电流的磁场

图 7–5　环形电流相当于小磁体

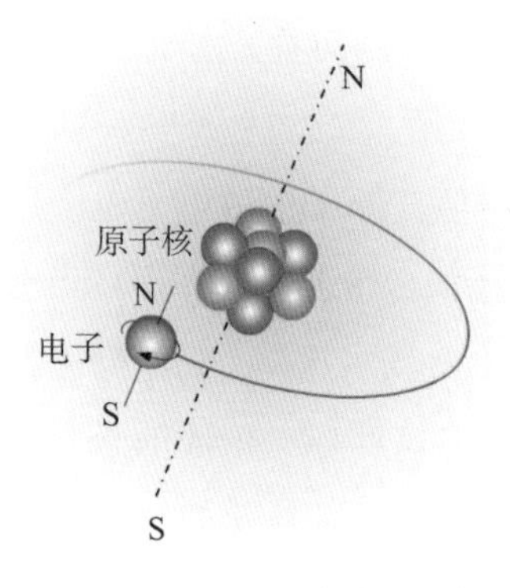

图 7–6　电子绕核旋转和自转

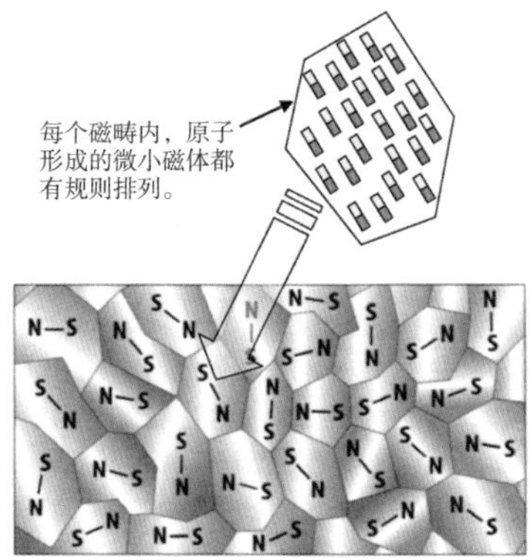

图 7–7　磁畴

趋于一致（图 7-8），对外显现出磁性，一端表现为 N 极，另一端表现为 S 极。若磁体断裂，则其内部的磁畴排列如图 7-9 所示，断裂后的每段磁铁仍有 N 极和 S 极，不会出现只有 N 极和只有 S 极的磁单极现象。

那么宇宙中是否存在只有一个磁极的磁单极子呢？早在 1931 年，英国物理学家保罗·狄拉克就通过数学推导结果预言了磁单极子的存在。但实际上，到目前为止，人类从未发现过单极磁体，但是根据物理公式的计算，单极磁体的存在是可能的，它可能存在于宇宙中的某处，等待人类去发现。

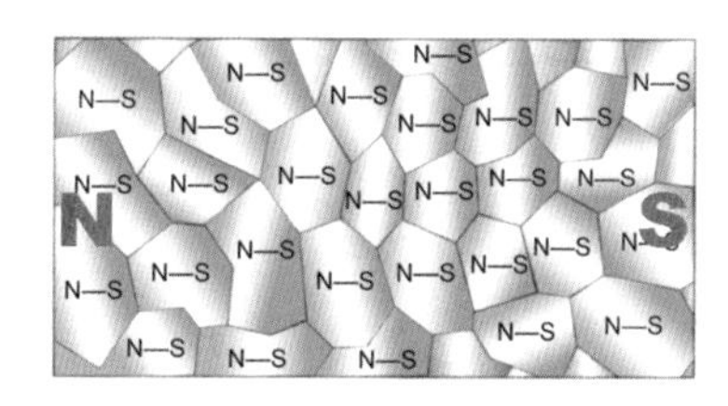

图 7-8　磁化后磁畴的排列

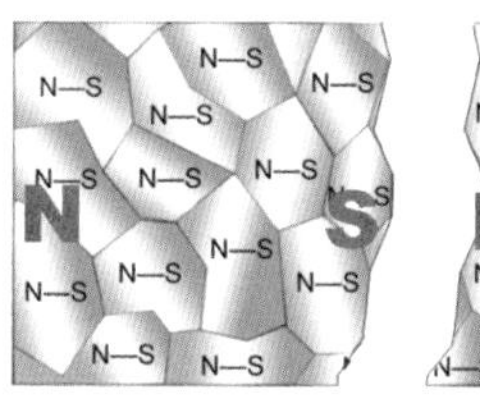

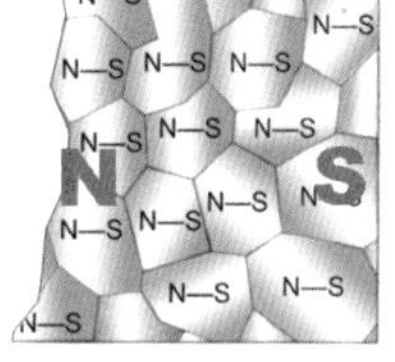

图 7-9　磁体断裂后的磁畴排列

链接

强弱不同的磁场

各种物质所产生的磁场强弱相差很大（磁场的强弱可以用磁感应强度来表征，其单位是特斯拉，简称特），人类大脑产生的磁场可以低到 10^{-13} 特，地球磁场大约为 5×10^{-5} 特，强磁体和电动机内部可以产生 1 特左右的磁场，人类目前能产生的最大磁场约 100 特。宇宙中有一种称为“磁星”的中子星，则可以产生强度在一亿（10^{8}）特以上的磁场。

磁化与消磁

磁化就是当对外不显磁性的材料在外部磁场中，其内部的分子电流变得有规则排列而显现出磁性的现象。铁磁材料磁化时，其内部无规则排列的磁畴的方向变得趋于一致，对外显现出较强的磁性。

最简单的磁化方法是用一块永磁体去磁化另一块磁性材料。把永磁体的一端从钢丝、铁钉或曲别针等铁磁材料的一端划到另一端，就能使铁磁材料磁化（图 7–10）。为了使磁化效果更好，永磁体一般需要沿一个方向从一端到另一端重复划动几次，不能来回划动。

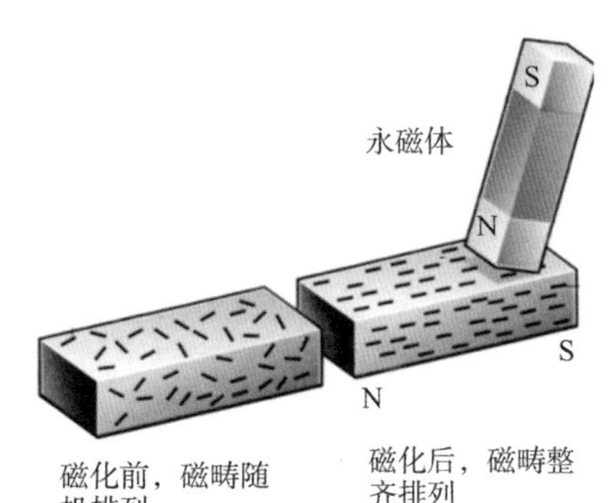

图 7–10　用一块磁铁磁化另一块磁性材料

由于永磁体的磁性不够强，不能使有些材料彻底磁化，就要用到充磁电路（图 7–11）。当电路中的线圈瞬间通过强大的电流时，其产生的强大磁场，就能使磁性材料彻底磁化。各种永磁体就是用这种方法磁化的。

与磁化相反，消磁就是已经磁化的材料失去磁性的过程。消磁的方法有很多种，外加消磁磁场、强烈振动、升温等都能使磁体的磁性减弱或消失。当磁化后的磁体受到猛烈敲击或振动时，内部的磁畴发生变化，各个磁畴的排列变得无序，相应其磁性会减弱。像电流计、喇叭、磁盘、磁卡等设备在受到强烈敲击后可能出现磁性减弱，设备的灵敏度降低或数据出错的现象。

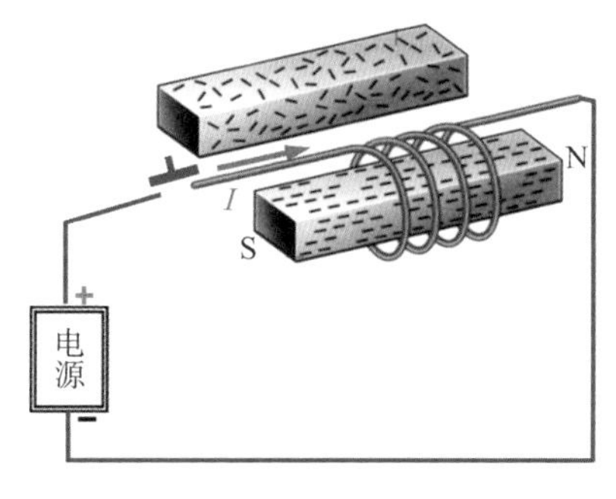

图 7-11　通电线圈磁化磁体

同样，温度升高时，铁磁材料内部的分子（或原子）无规则运动加剧，其磁畴也会发生变化，排列也趋向随机，导致磁体的磁性减弱。当铁磁材料的温度升高到某一温度时，其磁畴会消失，铁磁材料失去了磁性，这个温度叫居里温度。利用铁磁材料这个温度特性，人们开发出了很多温控磁体。例如，我们使用的普通电饭锅就利用了铁磁材料这个特性。在电饭锅的底部中央装了一块永久磁体和一块居里温度为 103℃的温控磁钢（图 7-12）。当锅里的水分被烧干了以后，食品的温度将从 100℃继续上升。当温度到达大约 105℃时，由于被磁铁吸住的温控磁钢的磁性消失，磁铁就对它失去了吸力，这时磁铁和温控磁钢之间的弹簧就会把它们分开，同时通过传动杆使连接电源的触点断开，停止加热。至于为什么选 103℃而不是其他温度的磁钢，据说原因是米饭被加热到 103℃摄氏度时最香。

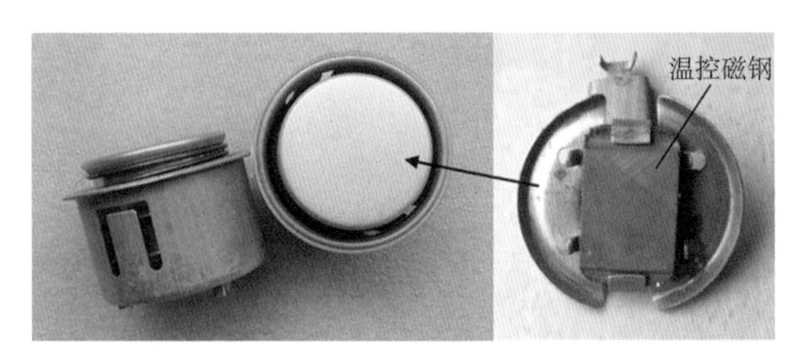

图 7-12 电饭锅内的温度磁钢

专业的消磁方法是利用消磁器消磁。图 7-13 是一种消磁器的电路示意图，消磁电路产生逐渐减小的交变电流，使消磁线圈产生的磁场也交替变化并逐渐减小，最终能使与之接触的磁性物体的磁性逐渐消失。

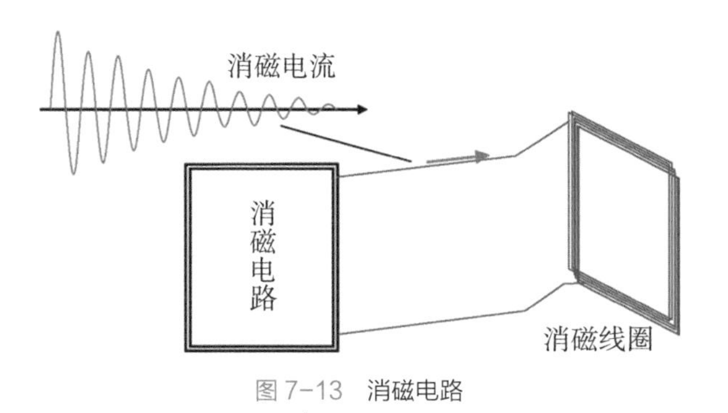

图 7-13 消磁电路

一些工业设备、医疗设备和军事设备，由于工作精度、可靠性或安全性的要求，需要经常进行消磁。军舰在制造或行驶过程中受到其他磁体或地磁场的影响，会产生磁化现象。舰艇下水后，就会成为一个浮动的大磁体。当舰船驶入布设有磁性水雷的水域时，磁性水雷受到舰船磁场的作用触发起爆电路，水雷就会按事先设定的方式爆炸。为了安全，军舰需要经常消磁。

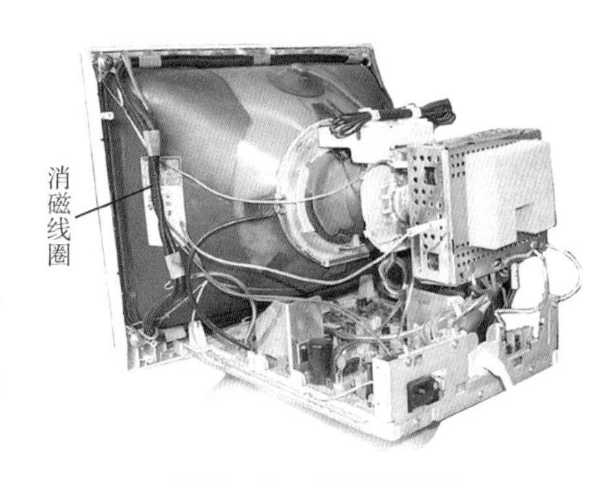

图 7-14　CRT 显像管

CRT 显像管（阴极射线管，Cathode Ray Tube，图 7-14）是利用电子束在磁场中偏转轰击荧光屏发光形成图像的显示设备，电子束的运动精度极大地影响成像的质量，显像管在外来磁场（包括地磁场）中容易磁化，形成的磁场会对电子束运动产生影响。为此，每次开机必须先对显像管进行消磁，消除显像管的杂散磁场对电子束运动的影响。

还有一些超市里的商品和书店里的书籍内会贴上微小的磁性贴条，只有到收银台消磁后才能过出口防损门。

为了制造一个指南针，你可以把一枚普通铁钉沿着地磁场方向放置（在北半球，它的北端向下倾斜），然后用锤子反复敲击铁钉几分钟，再将一根线系在铁钉的重心处，并将它悬挂起来。

为什么敲击的动作可以磁化铁钉？

磁性材料及应用

图 7-15　线圈加铁芯

磁性材料按其磁的性能分，可大致分为铁磁材料、顺磁材料和抗磁材料（逆磁材料）。如图 7-15，在通电空心线圈中放入不同的材料，磁场变化是不一样的。若放入铁磁材料，线圈的磁场能成百上千倍地增大，常见的铁磁材料有铁、镍、钴、铁氧体和一些合金；若在线圈内放入顺磁材料，磁场极微弱地增大，可认为几乎不变，常见的顺磁材料有钼、铝、铂和锡等；若在线圈内放入逆磁材料，磁场会很微弱地减小，常见的逆磁材料有热解石墨、铋、水银、银、金刚石、铅、石墨、铜和水等，其中热解石墨和铋的逆磁性相对较强。逆磁材料在磁体周围会磁化出相反的磁场，其结果是它会与原磁体相互排斥（图 7-16）。

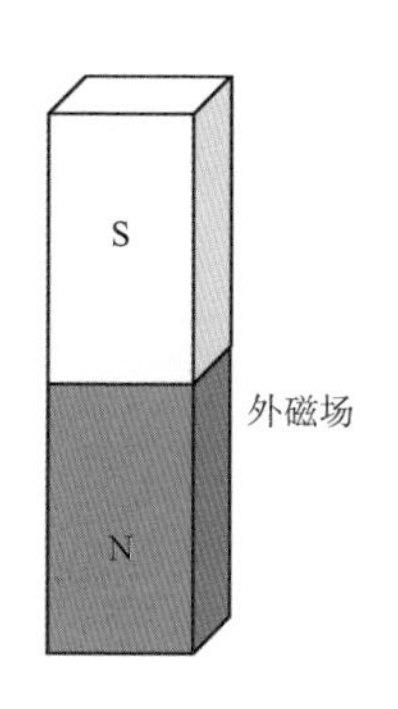

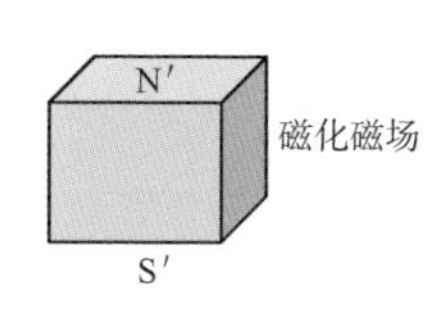

图 7-16　逆磁材料磁化

我们平时所说的磁性材料是指铁磁材料。在铁磁材料中，有一类磁化后撤去外磁场，磁性几乎立即消失，只剩下一点点磁性，这类材料称为软磁材料，常见的软磁材料有纯铁、硅钢片、坡莫合金、铁铝硅合金和非晶态合金

（金属玻璃）等，软磁材料常用在电动机、发电机、变压器、电感器、继电器、电磁铁和磁头上；另一类材料磁化后撤去外磁场，能保留较强磁性，这类材料称为硬磁材料，又称永磁材料或永磁体，常见的硬磁材料有铝镍钴永磁合金、永磁铁氧体、铁铬钴永磁合金和稀土永磁材料等，永磁材料常用在仪器仪表、永磁电机、医疗设备、电声器件等医疗、工业、军事和科研领域。

磁性材料最为普遍的应用是制造各类变压器。变压器的主要作用是改变电压大小和进行电气隔离。为了减少输电过程中电能的损耗，发电厂需要用电力变压器把发电机的输出电压升高到一定值后才并接到电网中。电能输送到目的地后，用电单位需要用电力变压器（图7-17）把电网中的高压电变换到低压电。而各种电子、电气设备所需的电压五花八门，也需要用小型变压器把220伏或380伏变换到设备所需的电压值。

图7-17　电力变压器

磁性材料的另一个重要用途是作为信息的存储介质。最早用磁性材料记录信息的是把钢丝磁化记录声音信号，后来逐渐发展出磁带、磁盘和磁卡。磁带和磁卡是在塑料基带上黏结磁性材料的，而磁盘（图7-18）则是在玻璃或铝合金基片上黏结磁性材料的。在信息记录时，含有信息的电流流过磁头上的线圈，线圈产生的磁场使磁带或硬盘上的磁性层磁化，记录信息（图7-19）。

在读取信息时，磁化了的磁带或磁卡在磁头下方通过，磁头中的线圈感应出信号电流，再把信号电流作相应的处理就得到需要的信息。现在的硬盘信号的读取方式与磁带不一样，是依靠一种称为巨磁阻的磁头来读取的。

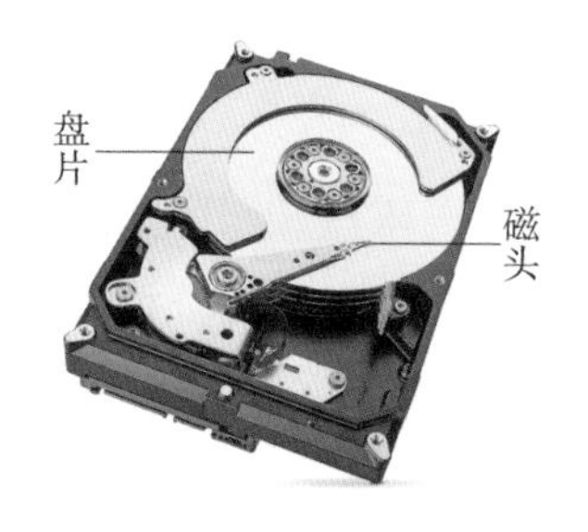

图 7-18 电脑硬盘

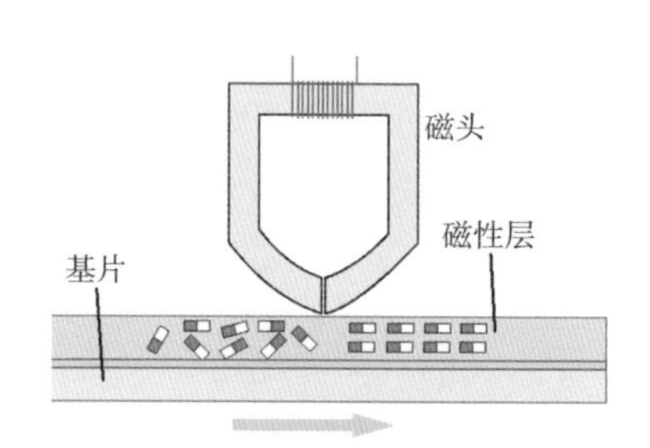

图 7-19 磁记录

磁性材料也经常用在高科技尖端领域，阿尔法磁谱仪就是其中的一个例子。阿尔法磁谱仪(图7-20）的主要目标是寻找备受科学家关注的反物质和暗物质，并探测宇宙射线的来源。寻找和研究这两种物质有助于揭开宇宙诞生和演变之谜。反物质与通常物质相遇会发生湮灭，释放出巨大能量。那么，如何才能捕获到反物质又不会碰到通常物质呢？利用磁场。反物质一旦进入磁场，就会受到磁场力的作用，束缚在磁场内部运动。阿尔法磁谱仪就是利用磁场来捕获反物质的仪器。

图 7-20 阿尔法磁谱仪

由诺贝尔奖获得者美籍华人丁肇中领导的中美等国家共同研制的“阿尔法磁谱仪 1 号”于 1998 年 6 月 3 日在美国肯尼迪航天

中心由“发现号”航天飞机送入太空。“阿尔法磁谱仪1号”核心实验装置中的永磁体就是由中国制造的磁性最强的永磁体——稀土钕铁硼永磁体。

于2011年4月29日由“奋进号”航天飞机送入国际空间站“阿尔法磁谱仪2号”的永磁体仍是由中国制造的钕铁硼永磁体。

有些磁铁还有一个神奇的特性，就是磁致伸缩效应。磁致伸缩效应是磁体在外磁场中，其长度和体积会发生极大的变化的现象。磁致伸缩效应材料在电—声换能器和超精密加工等领域有重要的应用前景。图7-21就是利用磁致伸缩材料制成的共鸣音箱，不同于普通喇叭，其音圈被固定住，当通以变化的电流时，音圈产生变化的磁场，引起超磁致伸缩材料的伸缩振动，进而引起音箱底座的振动而发声。

图7-21　由超磁致伸缩材料制成的共鸣音箱

链接

钕铁硼磁铁

钕铁硼磁铁是由铁、硼与稀土元素钕组成的磁铁，与我们平时常见的铁氧体磁铁相比，有很高的饱和磁感应强度和极高的磁能积，因而被称为“磁王”。饱和磁感应强度

链接

越大，所能产生的磁场也越强；磁能积越大，同样的体积存储的磁场能越大，要产生同样的磁效果，所需的体积越小。钕铁硼磁铁在现代工业和电子技术中获得了广泛应用，从而使仪器仪表、电声电机、磁选磁化等设备的小型化、轻量化、薄型化成为可能。钕铁硼磁铁特性硬而脆，表面极易被氧化腐蚀，必须进行表面涂层处理。

地磁场

早在 16 世纪末，英国医生威廉·吉尔伯特就通过自己的研究，指出地球是一个巨大的磁体。正像条形磁体周围存在磁场一样，地球的周围也存在着一个巨大磁场。地球也有两个磁极，地磁北极在地理南极附近，地磁南极在地理北极附近。连接地磁两极的地磁轴与连接地理两极的地球自转轴并不重合。某地地磁场的水平方向和经线的夹角叫做该地的磁偏角（图 7-22）。早在 11 世纪我国科学家沈括通过精心观察，发现磁针并不指南，而是略微偏向东一些。沈括是科学史上最早研究地磁偏角的人。

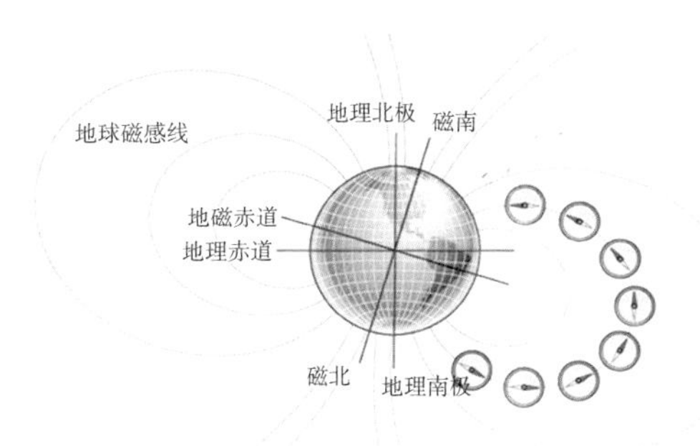

图 7-22　地球是个大磁体

由于地球地质结构并不均匀，所以地磁偏角也随地理位置的不同而不同。地磁极和地球上任一位置的地磁偏角也随着时间的推移发生变化。除地磁偏角外，地磁场还与当地的水平面有个夹角叫磁倾角（图 7-23）。北半球的磁倾角基本上沿水平面向下，南半球的磁倾角基本上沿水平面向上。

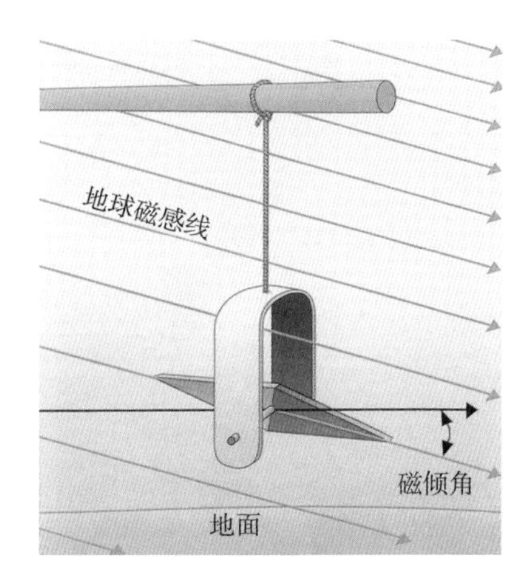

图 7-23　地磁倾角

地磁场也会对含有磁性物质的岩石起作用，如大洋底部的岩石。洋底岩石是由火山喷发出来的熔融物质形成的，熔融物质从洋底长长的裂缝中往上喷出，形成洋中脊。熔融物质中的粒子在地磁场磁化后像小磁针一样，沿着当时地磁场的方向排列，当熔融物质冷却变硬时，这些磁化了的铁粒子被固定下来，这样就留下了当时地磁场方向的永久记录。科学家在研究这些岩石时，发现地磁场方向和强弱随着时间推移会发生变化，每过一定时间地磁场方向会颠倒一次，在过去的 7600 万年中，地球磁场曾发生过 171 次反转。

图 7-24 中不同颜色的条纹表示了地磁场方向随时间的变化。先形成的洋中脊被新形成的洋中脊向两侧推开。至于地磁场为什么会发生翻转，人们至今还不知道其中的原因。

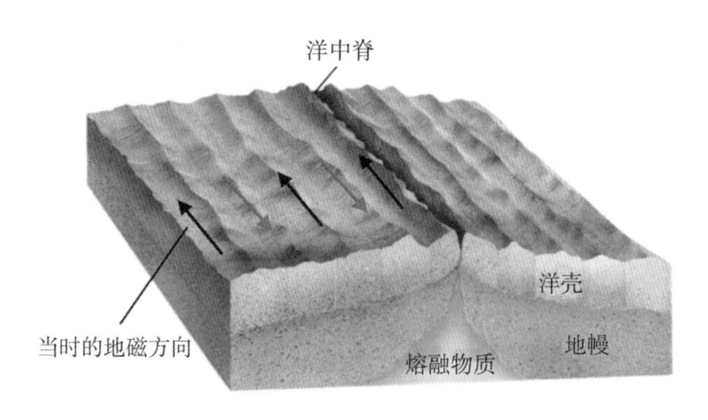

图 7-24 记录地磁场的磁性条带

从太阳表面源源不断流出的带电离子称为“太阳风”。太阳风也会产生磁场，与地磁场相互作用，使得地球靠近太阳一侧的磁场受到压缩，这一侧的地磁场向太空延伸只有约几万千米。在背离太阳的另一侧，地磁场向太空延伸则超过百万千米。太阳风进入地磁场后被地磁场捕获，形成两个厚厚的带电粒子带，称为“范 · 艾伦带”（图 7-25）。

射向地球的太阳风的高能离子在地磁场的导引下，进入两极上空的大气层，与大气分子（或原子）发生相互作用，使得一些大气分子或原子发光，形成了美丽的极光（图 7-26）。

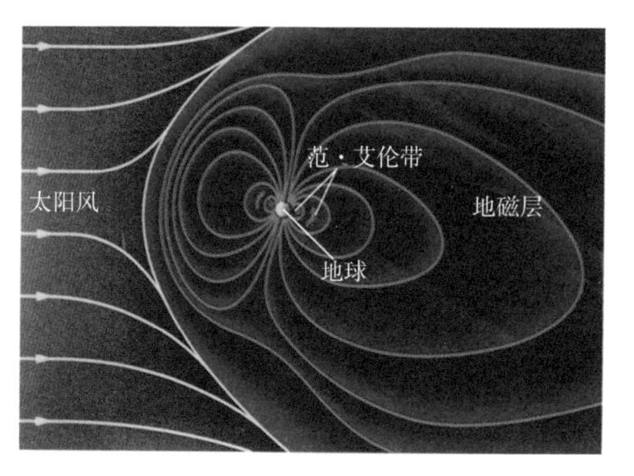

图7-25 地磁场

如果没有地磁场，来自太阳或宇宙的高能粒子就不会受到地磁场的作用发生偏转，而会直射地球。在这种高能粒子的轰击下，地球的大气成分可能不是现在的样子，生命将无法存在。所以地磁场这顶“保护伞”对我们来说至关重要。

图7-26 北极光

像海龟、鲸鱼、候鸟等众多迁徙动物均能走南闯北，每年可旅行几千千米，中途往往还要经过汪洋大海，但是还能测定精确的位置。它们除依靠太阳及其他星体的位置来辨别方向外，还能通过地球磁场来定位。科学家发现，许多像海龟这样的动物对不同地理位置间的地磁场强度、方向的差别十分敏感，能跟踪地磁场来进行旅行。科学家在许多动物体内找到磁性物质，但对动物是如何利用磁性物质来定位的，还是不甚了解。

磁铁总是又硬又脆吗

我们熟悉的永久磁铁都是又硬又脆的。它们不能弯曲，受力较大时会断裂。但是，磁体并非总是硬的、脆的，也可以是柔性可弯曲的。柔性磁体一般制成片状或带状。这些柔性磁体是将微小磁性粉末嵌入橡胶或塑料中制作而成的，可以剪裁成任意形状，可以打孔，有着广泛的应用（图 7–27 和图 7–28）。

图 7–27　磁性贴片：可以用于工艺品、广告、展示、车贴、教学、冰箱贴等，其正面是彩色 PVC，背面是磁性面

图 7–28　冰箱上的门封就是磁性橡胶条，利用磁铁的吸力使冰箱门牢牢地吸在箱体上，防止漏气

1965 年，为了解决太空人航天服头盔转动密封问题，美国宇航局研制成功一种特殊磁体——液态磁体。液态磁体又称磁流体或磁液。磁液是一种新型的复合材料也是一种新型的功能材料，它是由直径为纳米量级（10 纳米以下）的磁性固体颗粒、包裹磁性颗粒的表面活性剂以及基载液三者混合而成的一种稳定的

胶体状液体。磁液在静态时无磁性吸引力，当外加磁场时，才表现出磁性（图7-29），正因如此，它才在实际中有着广泛的应用。用纳米金属及合金粉末生产的磁流体性能优异，可广泛应用于各种苛刻条件的密封、航空航天、仪器仪表、扬声器制作、医疗器械、选矿等领域。

图7-29　磁液在外磁场中形成神奇的形状

利用液态磁体既是流体又是磁性材料的特点，可以把它吸附在永久磁铁或电磁铁的缝隙中，使两个相对运动的物体得到密封。利用多级密封就能达到很高的耐压或真空度。这种密封的润滑性很好，适用于高速旋转部件的密封，而且发热少、寿命长、维护简便（图7-30）。

图7-30　磁流体密封装置：由不导磁座、轴承、磁极、永久磁铁、导磁轴、磁流体组成，在磁场的作用下，使磁流体充满轴承内空间，达到良好的密封效果

磁液喇叭（图7-31）是液态磁体的一个很重要的应用。磁液喇叭的磁隙中充满磁液，音圈在磁液中振动时，音圈的散热性能得到很大的提高，因此，磁液喇叭的功率比普通喇叭的功率高得多。同时，磁液改变了音圈在振动过程中的阻尼特性，使喇叭的音质明显提高。

图7-31　磁液喇叭

恩绍大定理

人类有史以来就知道磁铁拥有神奇的力量。两块磁铁不但能相吸亦能相斥。斥力之大足以把重物托起。因此几千年来人们一直在尝试着用磁铁的斥力来抵抗地球重力，把物体悬浮在空中。

可也怪了，人们试了几千年，却从来没有成功过，到如今还有人孜孜不倦地试着。在图 7–32a 中，把磁铁 *B* 固定在桌面上，把磁铁 *A* 放在 *B* 上方，磁铁 *A* 总是不听话，不是向旁边滑就是翻转相吸，总之就是不能凌空悬浮。

其实，早在 1842 年，英国数学家山姆 · 恩绍就发表了著名的恩绍大定理，他从理论上证明了利用铁磁体和顺磁体实现静态磁悬浮是不可能的。该定理指出，永磁体在任意组合的静态磁场中不可能有稳定的平衡点，在空间任何一点，总有一个方向是不稳定的，就像一个放在光滑球体顶部的物体一样，有任何微小的扰动就会滚离顶点位置，而且越来越偏离！在图 7–32a 中，磁铁 *A*

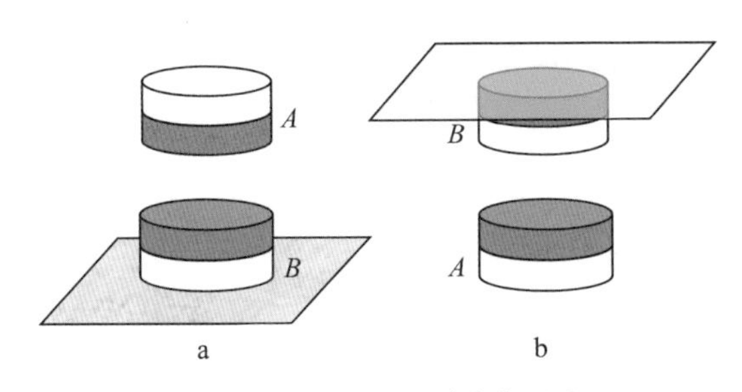

图 7–32　磁铁 *A* 无法稳定悬浮

在竖直方向是稳定的，在某种原因的扰动下，若磁体 A 向上偏离，磁力将减小，重力使之回到初始位置；若磁体 A 向下偏离，磁力将增大，磁力使之回到初始位置。但在水平方向，一旦磁体 A 偏离中心位置，磁力将使之越来越偏离中心并翻转，最后 A、B 吸在一起。在图 7-32b 中，磁铁 B 固定，其下方的磁铁 A 在水平方向是稳定的，在竖直方向不稳定，A 一旦向上偏离初始位置，磁铁间的吸力将增大，A 更加向上偏离，最后吸在一起；A 若向下偏离初始位置，磁铁间的吸力将减小，小于重力，最后会落下。

但是，我们并非永远无法实现磁悬浮。实际上，恩绍大定理成立是有条件的，就是静态磁场、铁磁体或顺磁体没有其他限制。在图 7-33a 中，圆筒限制了上方磁体的侧移和翻转，所以上方磁铁能悬浮。同样，在图 7-33b 的装置中，玻璃对铅笔尖的限制，使铅笔实现了悬浮。

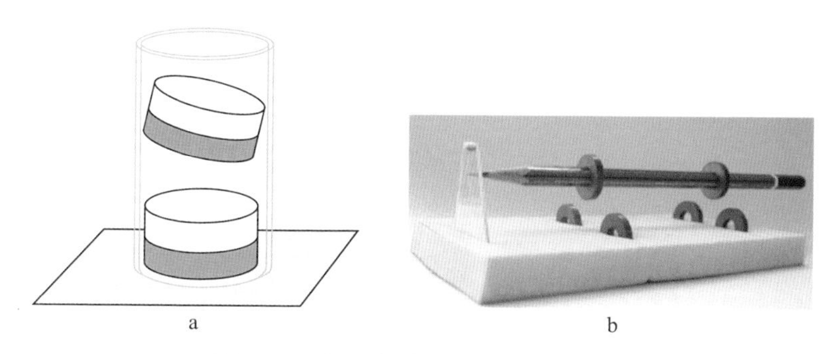

图 7-33　在受到限制的空间磁铁凌空悬浮

磁悬浮技术

电影《盗梦空间》中旋转陀螺令人印象深刻（图 7–34）。影片中最后的陀螺到底停了没有也是观众争论的一个焦点。我们能否制造出一个悬浮的、始终不倒的陀螺呢？

图 7–34　旋转陀螺

能！早在 1983 年，一个名叫罗伊 · 哈里根的美国人就发明了一个磁悬浮陀螺的专利产品。他用磁体做的陀螺在用磁体做的圆盘形底座上悬浮。

这不是违反了恩绍大定理了吗？没有！旋转的陀螺并不是静态的磁体，它有自动纠正功能，当陀螺偏离稳定点时，高速转动的陀螺绕转轴旋转的同时，转轴也产生旋转（图 7–35），自动纠正陀螺产生的偏离。但是这种磁悬浮装置，陀螺的稳定区间很窄，对陀螺质量要求很精确，而且对操作技术要求也非常高，实用性实在不是太好。

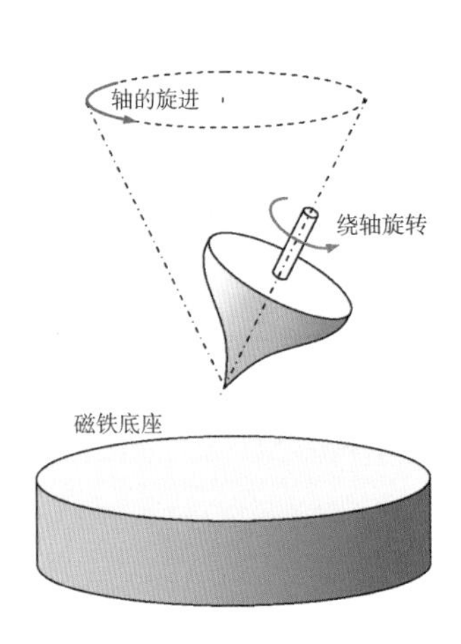

图 7–35　陀螺的自动稳定

实现磁悬浮的更好方法是采用有自动校正功能的动态磁场。图 7–36 就是采用这种方法制作的磁悬浮工艺品。悬浮体内有一块强磁铁，底座内的磁铁由永久磁铁和四个电磁铁两部分组成，永久磁铁产生固定的斥力，电磁铁产生辅助斥力和动态纠正磁场，位置检测元件有三个，分别检测悬浮磁铁上下、左右、前后偏离的程度。若悬浮磁铁向下偏离稳定点，检测上下偏离程度的元件就把偏离信号反馈给控制电路，控制电路使四个电磁铁的电流都增大，磁场斥力增大，悬浮磁体向上回到稳定点，反之则减小电流；若悬浮磁体向右偏离，检测左右偏离程度的元件就把控制信号反馈给控制电路，使左边电磁铁的电流减小，右边电磁铁电流增大，结果右边斥力增大，左边斥力减小，悬浮磁体回到稳定点；其他同理。

图 7-36　磁悬浮托盘

磁悬浮技术不仅应用在玩具和工艺品上，在其他场合也有广泛的应用。如图 7-37 就是超静音磁悬浮轴承风扇，一般用在电脑等仪器设备上。与传统的滚珠轴承、含油轴承相比，磁悬浮轴承不存在机械接触，转子可以运行到很高的转速，即使倾斜也能正常运作，不会因为角度倾斜而磨损，具有机械磨损小、能耗低、

图 7-37　超静音磁悬浮轴承风扇

噪声小、寿命长、无需润滑、无油污染等优点，特别适用于高速、真空、超净等特殊环境中。

磁悬浮最著名的应用当属磁悬浮列车了。磁悬浮列车是一种由无接触的电磁悬浮系统、导向系统和驱动系统组成的磁悬浮高速列车。列车在牵引运行时与轨道之间无机械接触，从根本上克服了传统列车轮轨粘着、机械噪声和磨损等问题。它的时速可达到500千米以上，是当今世界最快的地面客运交通工具，有速度快、爬坡能力强、能耗低，运行时噪声小、安全舒适、无燃油、污染少等优点。

国际上磁悬浮列车有两个发展方向。一个是以德国为代表的常导型悬浮系统——EMS系统，利用常规的电磁铁间的相互吸引，把列车吸引上来，悬空运行，悬浮的气隙较小，一般为10毫米左右。常导型高速磁悬浮列车的速度可达每小时400千米至500千米；另一个是以日本为代表的超导型悬浮系统——EDS系统，它使用超导电磁铁的电磁感应原理，使车体和钢轨之间产生排斥力，使列车悬空运行，这种磁悬浮列车的悬浮气隙较大，一般为100毫米左右，速度可达每小时500千米以上。

我国上海运营的是从德国引进的常导型磁悬浮列车。固定在轨道上的电磁铁A由长定子铁芯和线圈构成，既承担吸引电磁铁的作用，又充当直线电动机的定子；而固定在车体上的电磁铁B吸引电磁铁的同时也充当直线电动机的转子。这两个电磁铁在驱动电路控制下相互吸引，与重力平衡，使列车稳定悬浮，同时也能使列车向前受力或向后受力（制动时）。两侧的导向电磁铁和导向轨道能使列车居中在轨道上，并沿着轨道前进（图7-38）。

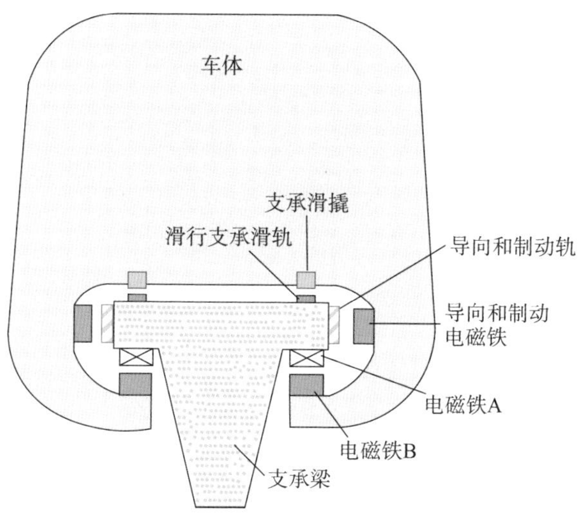

图 7-38　德国常导型磁悬浮列车结构简图

链接

超导悬浮

超导体放在外磁场中，其表面会感应出超导电流，超导电流在超导体外部形成的磁场与外磁场相互排斥，排斥力与重力平衡时，超导体就悬浮在空中。由于超导体没有电阻，超导电流不会消失，因而超导体能一直保持悬浮状态。电影《阿凡达》中潘多拉星的“Unobtanium”矿石，是罕见的常温超导体，拥有奇特的磁场，在潘多拉星的磁场作用下，便产生了这壮观的巨石浮空的景象。

第8章

电生磁与磁生电

你家里使用电磁灶吗？电磁灶（图 8-1）也称电磁炉。1957 年，第一台家用电磁灶诞生于德国。由于电磁灶具有加热快、节能环保、功能多、无噪声、使用方便等优点，如今，它已是普通家庭十分常见的厨房电器。那么，你知道电磁灶的工作原理吗？

图 8-1　电磁灶

电磁铁

奥斯特在1820年发现通电导线能产生磁场，但一根导线产生的磁场比较弱，若把导线绕成螺线管，螺线管的磁场由于每圈导线产生磁场的叠加而大幅度增强（图8-2）。

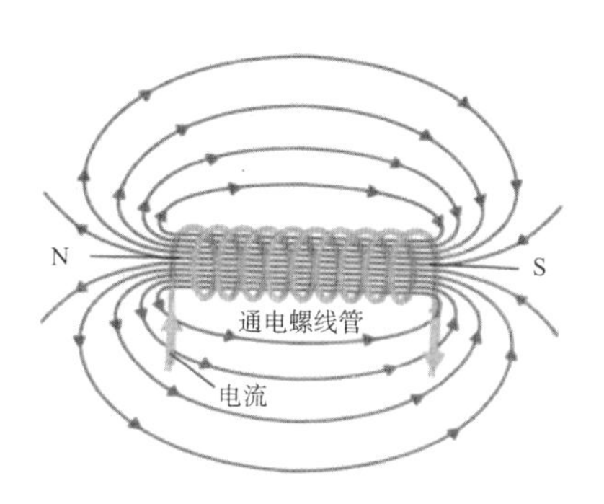

图8-2　通电螺线管

我们习惯上把插入铁芯材料的通电螺线管叫电磁铁（图8-3）。电磁铁的磁场是由导线中的电流和磁化了的铁芯共同产生的。这样的磁场比仅有电流单独产生的磁场强数百至数千倍。1823年，英国人斯特金在U型铁棒上绕了18圈裸铜线，接上伏打电池，制作了世界上第一块电磁铁。1829年，美国电学家亨利对斯特金的电磁铁装置进行了一些革新，用绝缘铜线代替铜裸导线，因此，不必担心铜导线过分靠近而短路。由于导线有了绝缘层，就可以将它们一圈圈紧紧地绕在一起，线圈越密集，产生的磁场就越强。

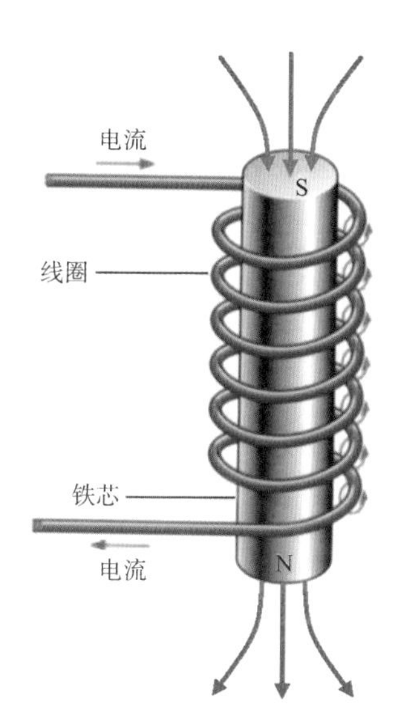

图8-3　电磁铁

图 8-4　漆包线

现在的电磁铁一般用漆包线（图 8-4）绕制。漆包线是在铜线表面覆盖一层很薄的高强度绝缘漆制成的。

一般而言，电磁铁所产生的磁场大小与电流大小、线圈圈数及中心的铁芯有关，电流越大产生的磁场越强。由于绕制线圈的普通导线有电阻，大电流流过线圈时将产生巨大的热量，为了减小电能的损耗和进一步增强磁场强度，在核磁共振仪等一些重要设备中，往往采用超导线圈。

电磁铁有许多优点：电磁铁的磁性有无可以用通、断电流控制；磁性的大小可以用电流的强弱或线圈的匝数多少来控制；它的磁极可以由改变电流的方向来控制。电磁铁是电流磁效应（电生磁）的一个重要应用，与生活联系紧密，如在电磁起重机、电磁继电器、磁悬浮列车、核磁共振仪、电动机、电子门锁、电磁阀等设备中，电磁铁都扮演着极其重要的角色。

电磁继电器是一种重要电路控制器件，在电路中起电隔离、弱电控制强电、远程自动控制等作用。如图 8-5 所示，电磁继电器一般由铁芯、线圈、衔铁、触点簧片等组成。在继电器线圈两端加上一定的电压，线圈中就会流过一定的电流，铁芯中产生磁场，衔铁就会在电磁铁吸力的作用下克服复位弹簧的拉力吸向铁芯，从而带动衔铁的动触点与静触点（常开触点，继电器线圈不加电时与动触点断开状态）吸合。当线圈断电后，电磁铁的吸力也随之消失，衔铁在复位弹簧的作用下返回原来的位置，使动触点与原来的静触点（常闭触点）释放。这样吸合、释放，从而达到了在电路中的导通、切断的目的。

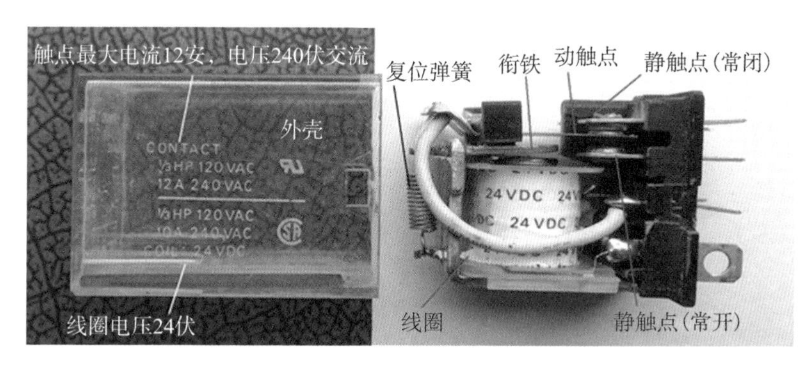

图 8-5　电磁继电器结构

电磁线圈

我们知道磁场对通电导线有作用力，由于导线中的电流是由电荷的定向运动形成的，所以可知磁场对运动电荷有作用力。洛伦兹首先推导出磁场对运动电荷的作用力，所以人们也把这个力叫洛伦兹力。利用通电线圈产生的磁场来控制电荷的运动，在科学研究和设备制造方面有着广泛的应用。

显像管　显像管（图 8-6）曾经广泛应用于电视机和电脑显

示器中。它是由电子枪、加速系统、聚焦系统、偏转线圈、显示屏和玻璃外壳组成的。

图 8-6　显像管

图 8-7 是显像管工作原理简化示意图。电子枪加上低电压后，灯丝发光发射电子束，经栅极和加速极间的高压加速后，进入聚焦系统后再经偏转线圈偏转后打到屏幕（涂有荧光粉）的像素点上使像素点发光。电子束从灯丝射出时不是一条细线，而是有一点发散，如果不加处理，打到荧光屏上将是一个亮斑，导致屏幕上许多个像素点同时发光，图像模糊不清。因此，在电子枪中加入了聚焦系统，使电子束聚焦在屏幕上。类似于光学透镜把光束聚焦成一点，这种利用电场把电子束聚焦成一点的系统叫做静电

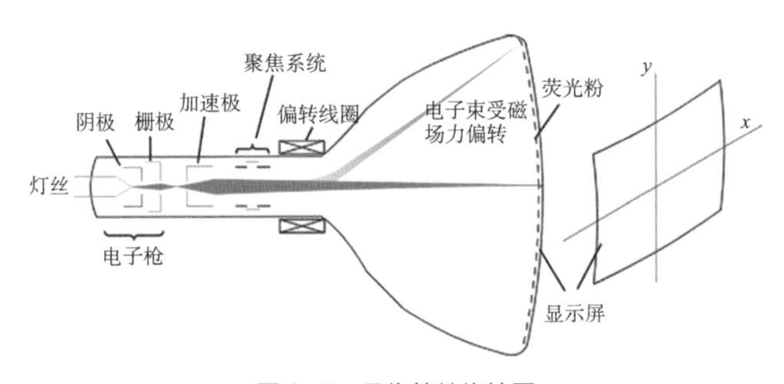

图 8-7　显像管结构简图

透镜。偏转线圈有两组，一组叫场偏转线圈，产生水平方向磁场，使电子束发生竖直方向偏转，控制场线圈电流（叫场扫描电流），使电子束从上到下扫描，扫描一次的时间为0.02秒，即1秒扫描50次。另一组叫行偏转线圈，产生竖直方向磁场，使电子束发生水平方向偏转。控制行偏转线圈的电流（叫行扫描电流），使电子束从左到右扫描，扫描一次的时间为64微秒。两组线圈同时加上扫描电流时，产生如图8-8所示的扫描，一场扫描312.5行。我国电视标准是每一帧（一幅）图像有625行扫描线，分两场进行，第一场扫描1、3、5……行，第二场扫描2、4、6……行。这种扫描方式叫隔行扫描。

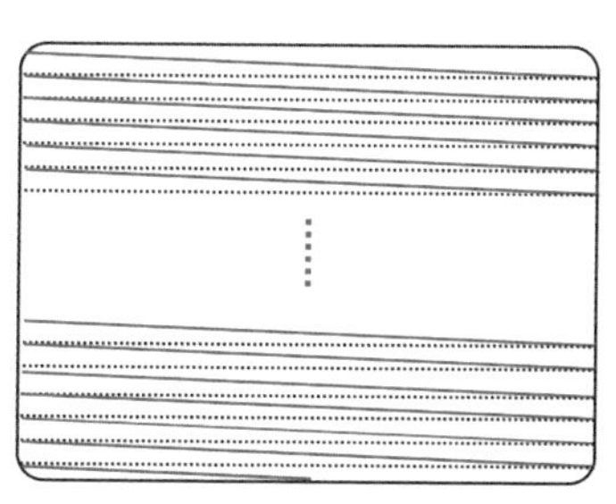
图8-8　电视扫描

在电子枪的阴极和栅极间加上图像信号，控制电子束流的大小，图像信号幅度大时电子束流小，打在荧光屏上形成的亮点就暗，反之图像信号幅度小时，电子束流大，打在荧光屏上形成的亮点就亮。

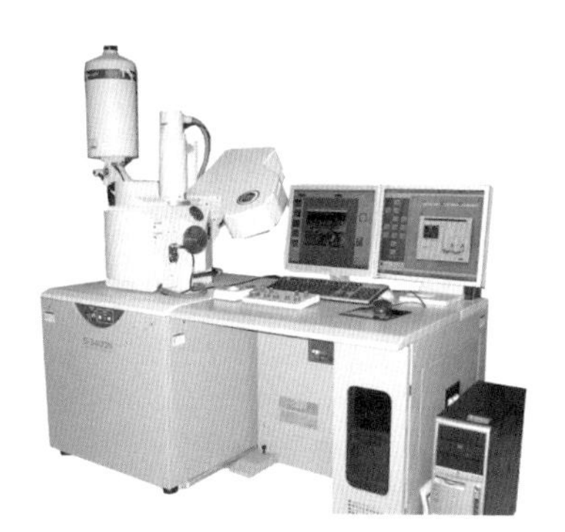
图8-9　扫描电子显微镜

扫描电子显微镜　扫描电子显微镜（简称SEM，图8-9）经常被用来分析材料的表面结构，它的放大倍数是最好的光学显微镜的几百倍以上。

当一束高能的入射电子轰击样品表面时，被激发的区域将产生二次电子（被入射电子轰击出来的样品表面原子的外层电子）、背散射电子（被反射回来的电子）和 X 射线等。扫描电子显微镜主要是利用二次电子和背散射电子信号成像来观察样品的表面形貌。

SEM 的简化原理图如图 8-10：从电子枪灯丝发出的直径约 20 ～ 35 微米的电子束，经高压的加速和聚焦系统（实际有两级聚焦系统）的汇聚作用，缩小成直径约几纳米的狭窄电子束射到样品上。与此同时，偏转线圈使电子束在样品上扫描，可以连续获取各点的表面形貌，通过成像系统得到整个表面的像。

SEM 的聚焦系统不同于电视机显像管，它是利用磁场来聚

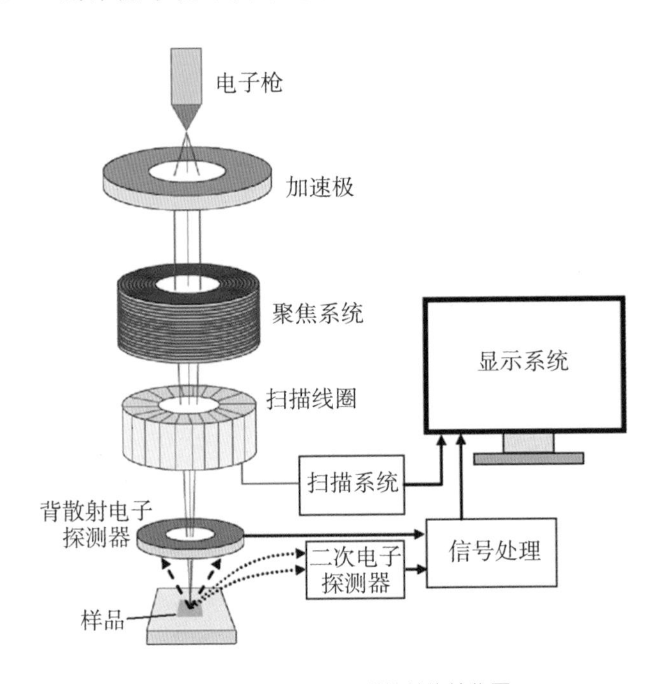

图 8-10　扫描电子显微镜结构简化图

焦，称为磁聚焦或电磁透镜（图 8-11）。电子束穿在磁场时做螺旋线运动，适当控制聚焦线圈的结构和电流强度能使电子束汇聚成一点。

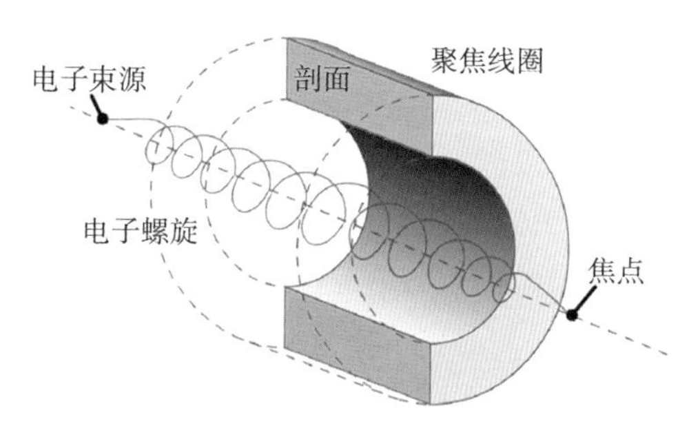

图 8-11　电磁透镜

托卡马克　可控核聚变应该是人类解决能源危机的最大希望。要发生核聚变，必须克服巨大的静电斥力才能使两个原子核靠近发生聚变。也就是说，原子核要有很大动能才会“撞”在一起。当把核燃料加热到几百万度以上时，原子核才有足够的动能，可以克服静电斥力，发生聚变。因此，核聚变也叫热核反应。

在如此高的温度下，核燃料完全电离，成为等离子态，由于它们向四周扩散，任何容器都无法承受如此高的温度，因此必须采用特殊的方法将高温等离子约束住。科学家想出两种主要约束方案，即惯性约束和磁约束。

惯性约束聚变是通过激光产生的巨大的压强，使核燃料在极短的时间内体积变小，密度变大，原子核发生聚变反应，释放出能量。而磁约束核聚变则是利用磁场来约束温度极高的等离子体的核燃料，以使其发生聚变反应。

托卡马克（Tokamak，是环形“Toroidal”、真空室“Kamera”、磁“Magnet”、线圈“Kotushka”的缩写，图 8-12）是目前性能最好的一种磁约束装置。

托卡马克的核心部件是线圈（图 8-13），新一代的托卡马克都采用超导线圈。加热线圈加上变化的电流，产生变化的磁场，对等离子体感应加热（类似电磁灶加热原理），使等离子形成环形电流 I。环形电流 I 可以看成由许许多多小电流 i 组成，这些小电流同方向相互吸引，使等离子束向中心收缩；环向线圈就是一个环形螺线管，产生沿环方向的磁场，把等离子体约束在某个截面区域，不与容器壁接触；极向线圈产生竖直方向的磁场，把等离子束定位在真空容器中间。

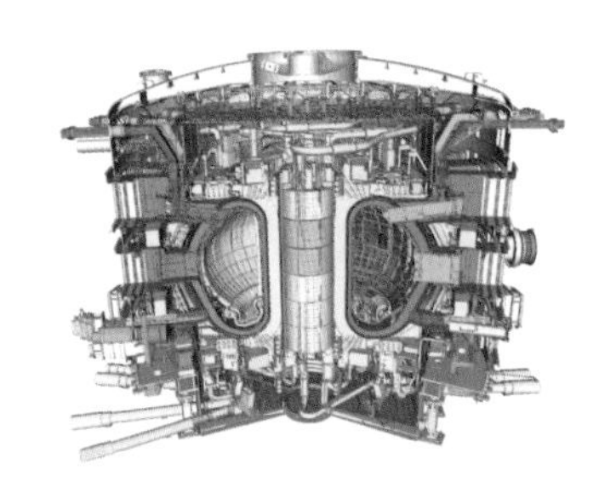

图 8-12　托卡马克装置

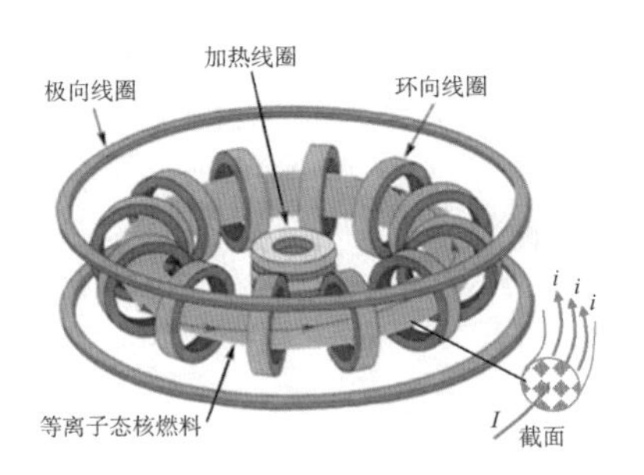

图 8-13　托卡马克的线圈

核磁共振成像　核磁共振成像（简称 MRI）是继 X-CT（X 射线计算机断层成像）后医学影像学的又一重大突破。MRI 相比 X-CT 扫描有明显的优势。MRI 更加安全，没有射线辐射对人的伤害，对软组织的成像更加清晰。

质子（氢核）有绕自身轴旋转的固有属性，称为核自旋。核自旋形成的磁场称为核磁（图 8-14a）。把质子放入外磁场中，核除自旋外还绕磁场方向旋进，类似陀螺在重力作用下的旋进（图 8-14b、c）。核旋进的快慢与外磁场强弱有关，外磁场越强，核旋进越快。若此时用无线电波照射氢核，且照射频率与核旋进频率相等，氢核就能吸收电磁波的能量，这一现象就叫核磁共振。停止无线电波照射后，氢核按特定频率发出射电波信号，并将吸收的能量释放出来。

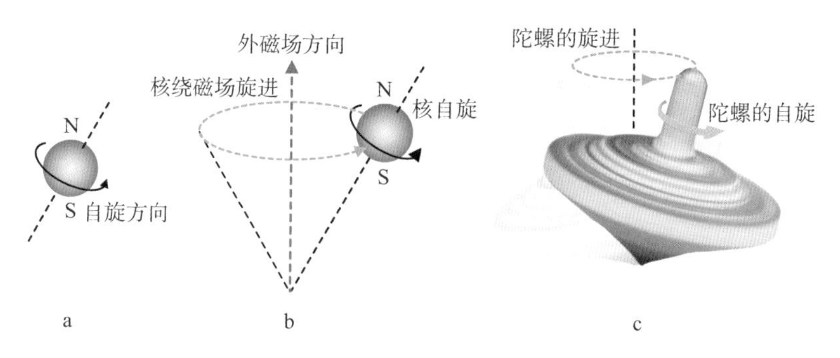

图 8-14　氢核自旋和在磁场中的旋进

MRI 设备就是基于核磁共振原理工作的大型医学成像设备，其结构如图 8-15。MRI 设备的主磁场是非常均匀的强磁场，磁场越强，其成像分辨率越高。老式 MRI 设备的主磁场一般由永久磁体或常规导体线圈产生，磁感应强度一般在 0.5 特到 1 特左右，新式的 MRI 设备一般用超导线圈产生磁场，磁感应强度为 1.5 特或 3 特，甚至达 5 特。射频线圈发射无线电脉冲激发人体组织内的氢原子核，引起氢原子核共振，并吸收能量。在停止射频脉冲后，氢原子核按特定频率发出射电信号，并将吸收的能量释放出来，又被射频线圈接收。若只有主磁场，射频线圈接收到的是来

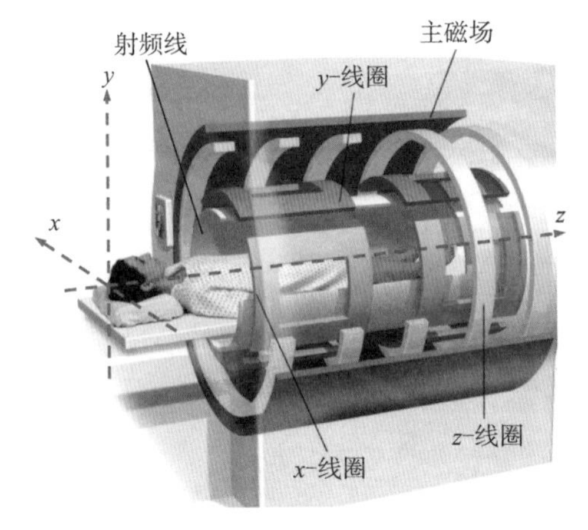

图 8-15 MRI 结构示意图

自全身的氢核释放的信号，也就无法进行成像处理。为此，还要加上 x、y、z 三个方向强度较弱的梯度磁场，分别由三个线圈产生。以 x 方向为例，在 x 轴方向上加上沿 x 轴均匀变化的梯度磁场，与主磁场叠加后，总磁场也沿 x 方向均匀变化。在 x 轴上不同位置，磁感应强度不同，对应的核磁共振频率也不同。因为不同部位的人体组织含有不同数量的氢原子，人体不同部位、不同组织的核磁共振信号也不一样，当射频线圈发射频率变化的无线电脉冲后，某时刻接收到某种频率的信号，这个频率对应 x 轴上某一明确位置人体组织，经计算机处理后就获得 x 轴上该位置的断层图像。在 y 和 z 轴上作类似的处理，就能得到 y 断层和 z 断层图像。三个断层图像（图 8-16）合成就能显现人体各处的三维结构。

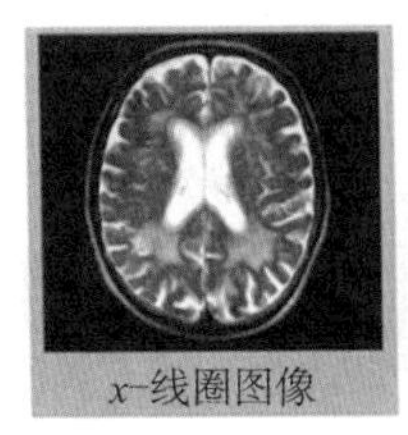

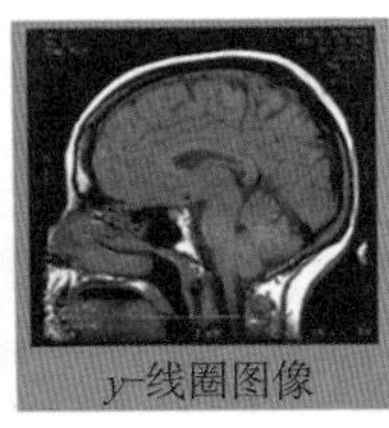

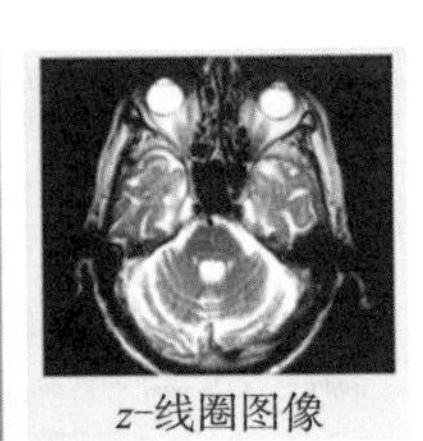

图 8-16 核磁共振的断层图像

形形色色的发电机

奥斯特发现了电流磁效应，证实电现象与磁现象是有联系的。电流磁效应的发现引起了人们的逆向思考：既然电流能够引起磁针的运动，那么能不能用磁铁使导线产生电流呢？

图 8–17 法拉第

英国科学家法拉第（图 8–17）从 1822 年开始研究磁生电现象，经过多次失败后，终于在 1831 年 8 月 29 日发现了电磁感应现象。法拉第从中领悟到，“磁生电”是一种在变化、运动的过程中才能出现的效应。他总结出磁生电的五种原因：变化的电流、变化的磁场、运动的恒定电流、运动的磁铁、在磁场中运动的导体。

发电机原理 电磁感应现象的发现为人类大规模产生电能奠定了理论基础，而发电机的出现为人类利用电能提供了切实的保障。根据法拉第电磁感应理论，闭合电路的一部分在磁场中做切割磁感线运动，或穿过线圈的磁场发生变化时都会产生感应电流。在图 8–18 中，线圈由动力机带动旋转，*ab*、*cd* 两边做切割磁感线运动，产生感应电流，经过集电环和电刷向外供电。当线圈转

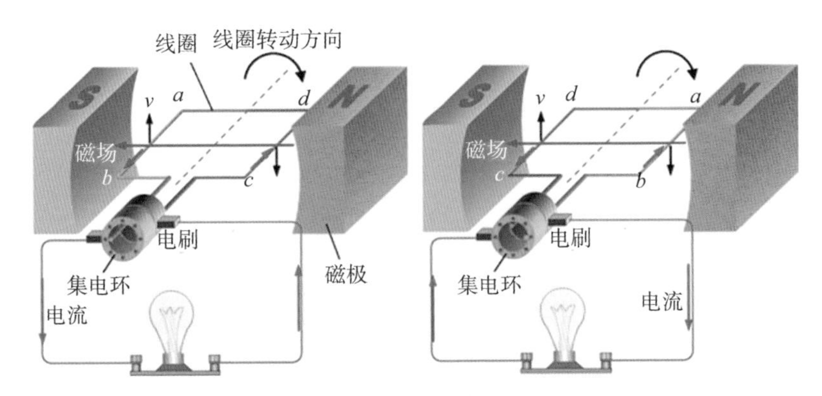

图 8-18　交流发电机原理图

过半圈后，*ab* 从向上切割变成向下切割，*cd* 从向下切割变成向上切割。因此，在线圈中流动的是交流电。

若把集电环改成由两个半环组成，则线圈中仍是交流电，而外部电路中是单向流动的直流电（图 8-19）。

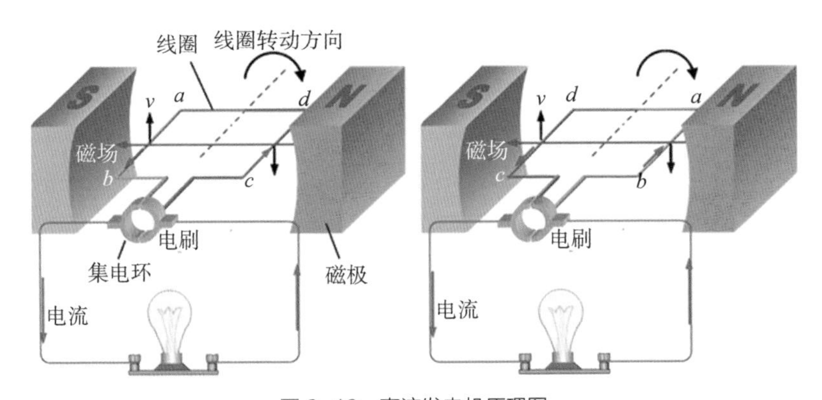

图 8-19　直流发电机原理图

实际的发电机是由多个线圈和多对磁极组成的，磁极可以是永久磁体，也可以是电磁铁。

在发电机中，机壳内固定的部分叫做定子，转动的部分叫做转子。按转子是磁极还是线圈，发电机还可分为旋转线圈发电机和旋转磁极发电机。上述介绍的交流发电机和直流发电机都是旋转线圈发电机。大型发动机输出功率大，电流也比较大，一般采用旋转磁极式，省掉集电环和电刷，减小磨损和接触不良带来的影响。按发电机中的磁场来源的不同，发电机可分为永磁发电机和励磁发电机。永磁发电机的磁场来自永磁铁，而励磁发电机的磁场则来自通电的线圈。由于永久磁体产生的磁场不够强，一般大型发电机的磁极是由电磁铁组成的，而不是永久磁体组成的，我们把产生磁极的线圈称为励磁线圈。图 8-20 是旋转磁极式的励磁发电机的结构。

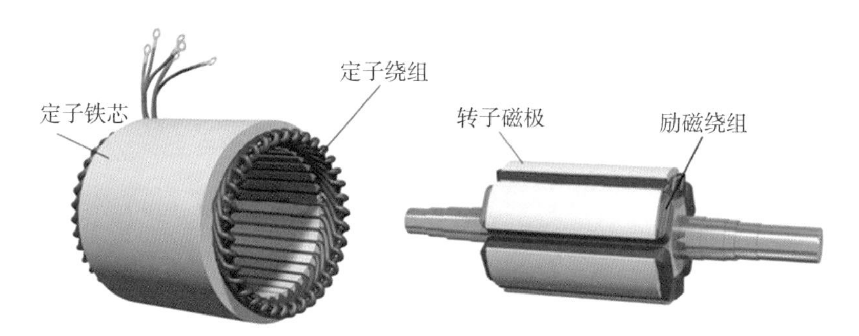

图 8-20　旋转磁极式发电机的结构

风力发电机　风力发电机的结构如图 8-21 所示，其转子由永久磁体组成，在叶片带动下旋转，穿过定子线圈的磁场发生变化，或理解为定子线圈相对磁铁作切割磁感线运动，因而在线圈内产生感应电流。

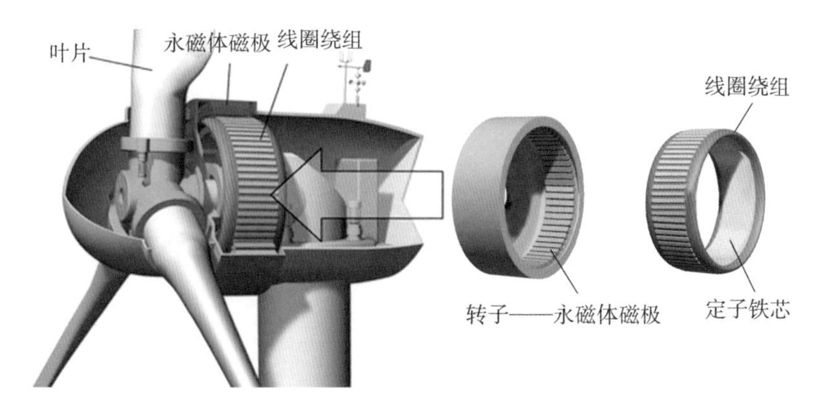

图 8-21　风力发电机

水轮发电机　水轮发电机的结构如图 8-22 所示，其磁极也是由电磁铁组成。水轮机驱动主轴，主轴带动转子旋转，从而在定子线圈内产生感应电流。

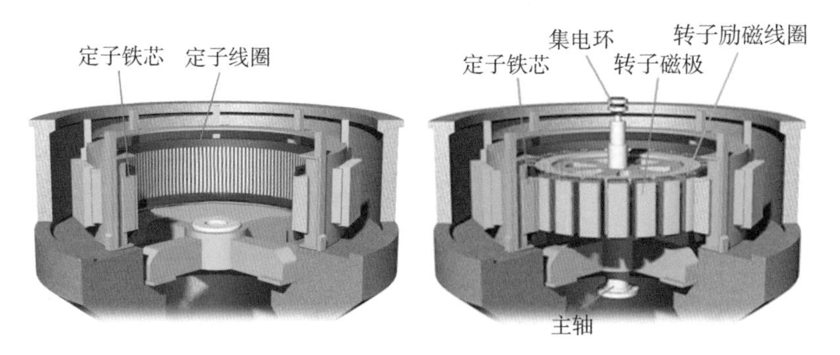

图 8-22　水轮发电机

柴油发电机　常见的柴油发电机工作方式与前面提到的几种发电机类似，也是旋转磁极式的，磁极也由励磁线圈产生，励磁线圈由一个专门的励磁发电机来供电。

链接

地磁发电

地球是个巨大的磁体，导体在地球磁场中做切割磁感线运动会产生感应电流吗？1992年和1996年，美国曾经和意大利合作利用卫星缆绳发电。卫星带动缆绳做切割磁感线运动，缆绳两端产生感应电压，通过电离层构成回路，产生感应电流。虽然释放的缆绳长为250米，仅为原计划的1/80，但它产生了40伏的电压及1.5毫安的电流。

后来美国单方面做了许多卫星缆绳发电的研究，发电缆绳释放长度也曾达到20千米。由于各种技术原因没有继续研究下去。

实际上船舶在海上行驶时，船体切割地磁场，也会形成微弱的感应电流。

动圈话筒与电吉他

利用电磁感应原理，可以制成各种传感器，把其他物理信号转成电信号。动圈话筒和电吉他就是电磁感应原理应用的实例，都是把机械振动信号转换为电信号的器件。

常见的话筒可以分为驻极体话筒、动圈话筒和电容话筒三种类型。驻极体话筒一般用在手机等便携设备中，电容话筒更多用在录音室、舞台演出等专业场合，而动圈话筒则广泛应用在娱乐场所和家庭。动圈话筒的结构如图 8-23 所示。装有线圈的轻薄振膜固定在磁铁上，线圈处于磁体的间隙中，当我们对着话筒讲话时，声波带动振膜振动，线圈在振膜驱动下，在磁场中做来回切割磁感线运动，产生感应电压，经变压器阻抗变换后输出电信号。

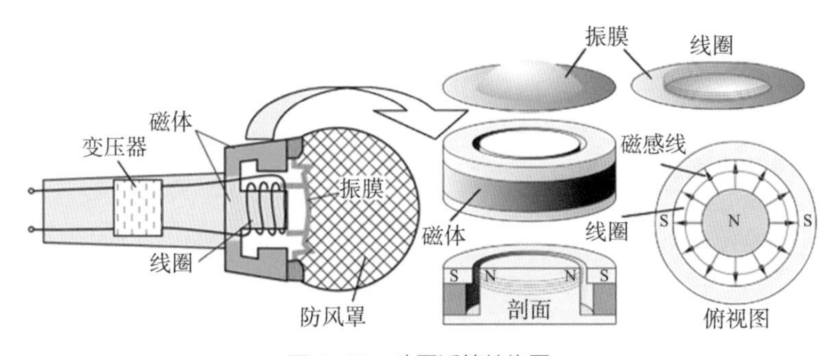

图 8-23　动圈话筒结构图

电吉他（图 8-24）是在传统吉他基础上发展起来的一种电声器件。与传统吉他相比，电吉他没有箱体，不能直接发声。它的发声是依靠拾音器（图 8-25）把琴弦的振动信号转化为电信号，经适当处理和放大后由音箱放出。电吉他上往往有多个拾音器，放在吉他的不同部位，通过开关切换或组合，可以得到不同的音色。

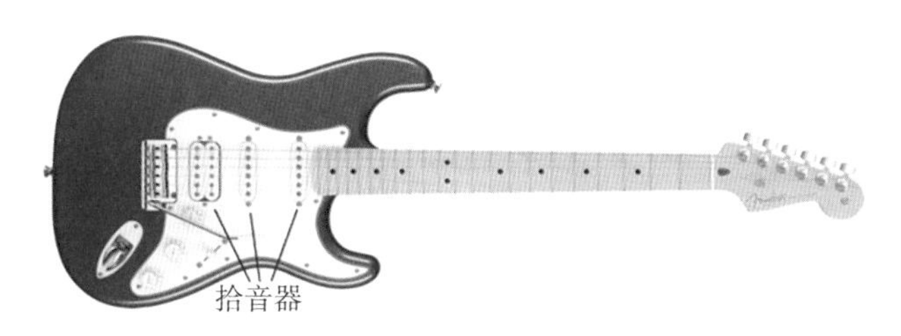

图 8-24　电吉他

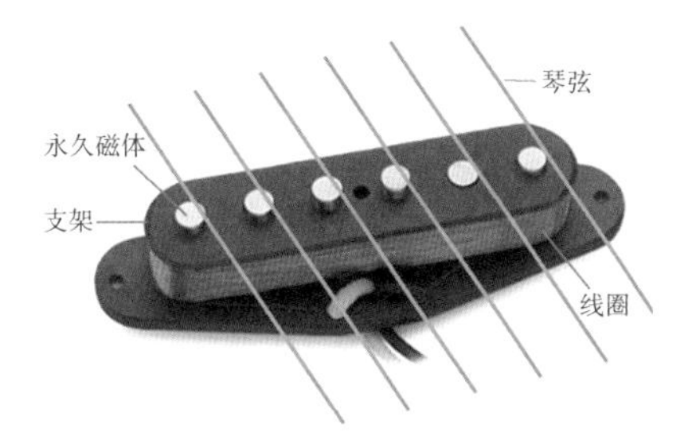

图 8-25　电吉他的拾音器

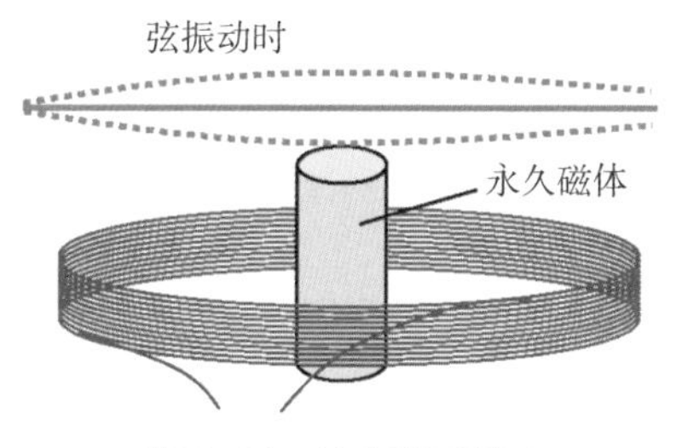

图 8-26　拾音器原理图

拾音器虽然也是利用电磁感应原理把振动信号转换成电信号，但其工作原理与话筒有所不同（图 8-26）。拾音器的结构并不复杂，就是一个线圈加几个永久磁体。为了得到足够强的感应信号，需要在支架上绕上 7000 ～ 10000 圈的线圈；为了能检测每根琴弦的振动，需要在内部放上六块磁铁。利用电磁感应拾音器的电吉他要求琴弦由导磁的钢丝制成。当钢丝琴弦振动时，钢丝与永久磁体的距离发生变化，引起线圈内磁场的变化，从而在线圈内产生感应电信号，电信号经过适当处理和功率放大后驱动音箱发声。

自动石英手表与震动电缆

一般的石英手表需要用电池供电，但自动石英手表则无需电池，它是靠戴表者手臂的摆动来带动内部的微型发电机转动，从而产生电流为手表提供运动的能量的。它的原理如图 8-27 所示：人行走时手臂前后摆动，带动手表内的旋转板转动。通过齿轮传动，磁性转子高速转动，固定在转子附近的线圈就会产生出感应

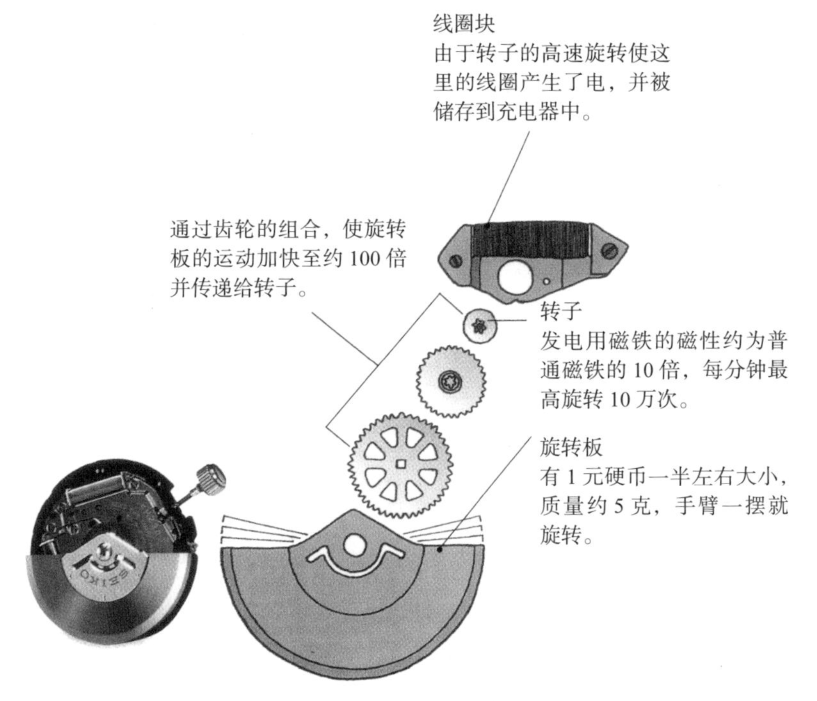

图 8-27　自动石英手表的发电原理

电流，从而为表内的石英装置供电，而多余的电能会被储存起来备用。充满电能时，自动石英手表可持续工作数十天。

电磁感应式震动电缆报警系统是一种专门对翻越和入侵破坏进行探测报警的装置，常用于银行、易燃易爆场所等重要区域的警戒(图8-28)。这个系统的电缆有一个特殊的结构，如图8-29所示，在电磁感应震动电缆的聚乙烯护套内，左右两部分空间内分别有两块近于半弧形、具有永久磁性的韧性磁性材料。它们被中间两根固定绝缘导线支撑着分离开来。两根绝缘导线之间的空隙正好是两个磁性材料建立起来的永久磁场，空隙中有一根活动的裸导体。当此电缆受到外力的作用而产生震动时，裸导线就会在空隙中切割磁感线，由电磁感应产生电信号，进而触发报警电路报警。

图8-28　安装了电磁感应震动电缆的栅栏

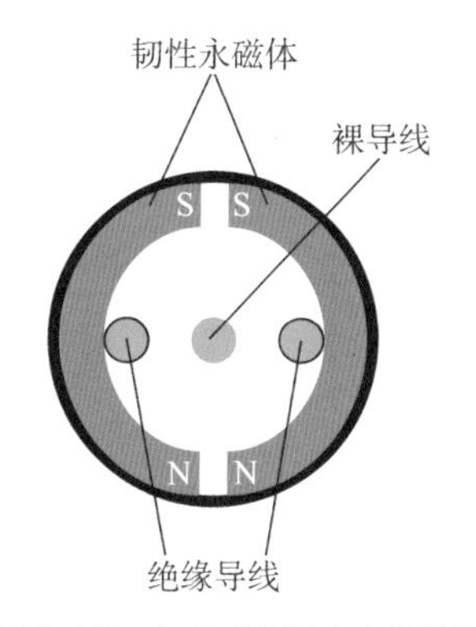

图8-29　电磁感应震动电缆截面

电磁灶与感应加热

电磁灶（也称电磁炉）是现代厨房的新颖灶具。与电热炉高电阻导体通以 220 伏交流电产生热量不同，电磁灶是利用电磁感应来间接加热。其电路框图如图 8-30，220 伏的交流电通过整流电路变成约 300 伏的直流电，再通过驱动电路把直流电变换为 20 ～ 30 千赫的高频电流，驱动一个平面励磁线圈（图 8-31），励磁线圈产生变化的磁场穿过电磁灶耐高温的微晶面板，在锅底产生感应电流（称为涡流），使锅底迅速发热，从而达到加热食品的目的（图 8-32）。为什么用几十千赫的交流电而不直接用 50 赫的交流电加到线圈上呢？这是因为频率越高，磁场变化越快，感应电流越大，50 赫的频率太低，感应电流太小，起不到加热作用。

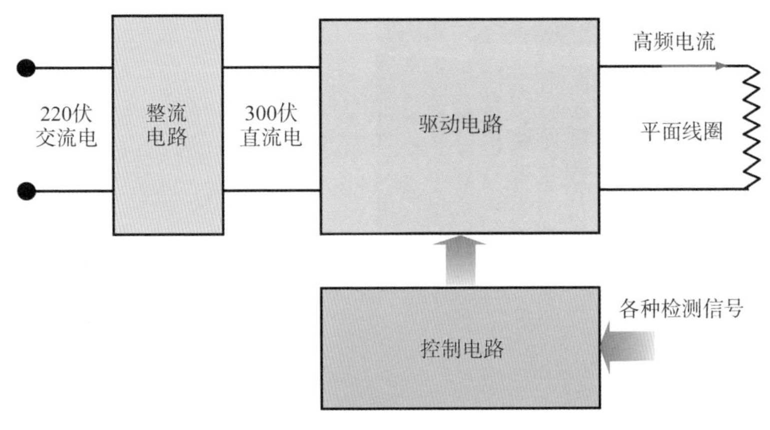

图 8-30　电磁灶电路框图

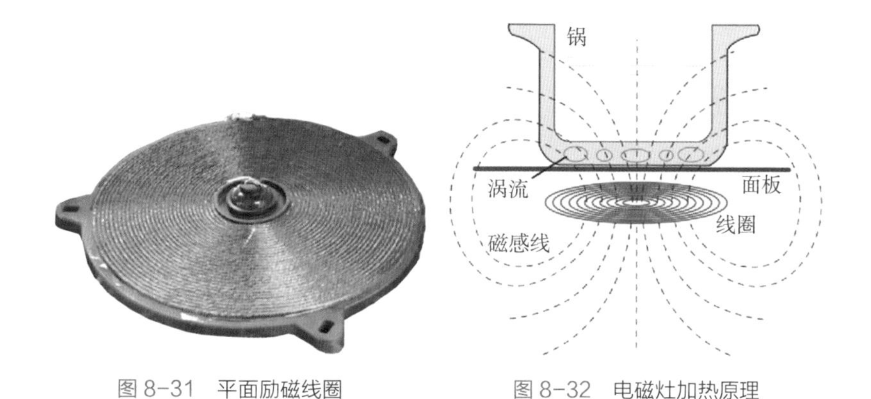

图 8-31　平面励磁线圈　　　　图 8-32　电磁灶加热原理

为了达到更好的加热效果，最好使用铁锅或不锈钢锅，这类导磁性好的锅能使线圈产生的磁场集中在锅内，向周围空间漏出的磁场比较少，能在提高热效率的同时产生较小电磁辐射。若采用导电性很好的铜锅，可能会产生过大的感应电流，超出驱动电路的负荷，使保护电路启动，关闭驱动电路。

由于手的导电性能不太好，若把手直接放在电磁灶的灶面上，只会产生微弱的感应电流，不会加热手，这是电磁灶的优点。要想“看”到感应电流，我们可以用导线绕一个直径大约 7 厘米，圈数为十几圈的线圈，接上一个额定电压为 2.5 伏的小电珠，把线圈放在工作中的电磁灶的灶面上，小电珠就会发光（图 8-33）。

图 8-33　电磁灶小实验

图 8-34　感应加热

我们把电磁灶的这种加热方式称为感应加热。感应加热在工业上有广泛的应用，热处理、锻打和冶炼等场合都会用到感应加热（图 8-34）。工作频率在工业电网频率（我国为 50 赫）的感应炉叫工频感应炉，一般用于冶炼；工作频率在 300 赫～ 10 千赫的属于中频感应加热，一般用于冶炼或锻打；工作频率在 10 千赫以上的属于高频感应加热，一般用于热处理。由于频率越高，感应的涡流越趋近于被加热材料的表面（称为趋肤效应），使材料表面的升温较高，内部升温较低，能很好地用于材料表面淬火处理。

金属探测器

如图 8-35 所示的设备大家都应该见识过，就是考试、机场、车站等场合使用的金属探测器。

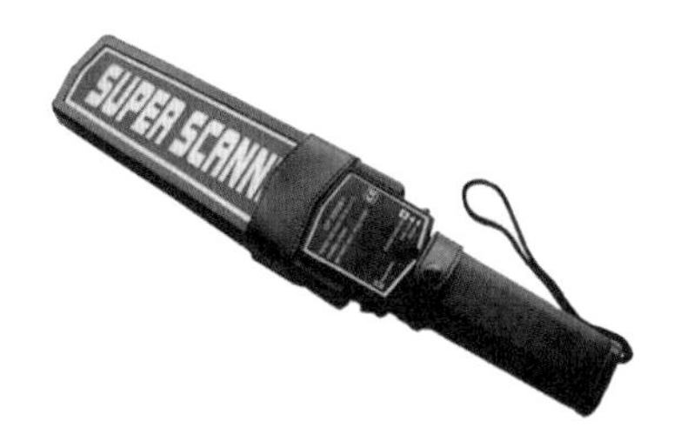

图 8-35 手持金属探测器

金属探测器由振荡电路、发射线圈、接收线圈（可以与发射线圈共用）、信号处理电路和报警显示电路组成。振荡电路产生变化的驱动电流，驱动电流通过发射线圈，在周围空间产生变化的磁场，若周围有金属物件存在，将在金属内感应出涡流，而涡流又会在周围产生与原磁场方向相反的变化磁场，接收线圈接收到这个涡流的磁场，会产生感应的电信号并对其进行处理，判断金属的大小和大致属性。

金属中的感应涡流，也会引起振荡电路的电磁参数变化，使振荡回路中的能量损耗增大，导致振荡频率变化、发射线圈上的压降增大。检测振荡频率的变化或线圈上电压的变化，也可以判断是否存在金属物和金属物的大小。

更复杂的金属探测器内有一个特殊的电路，能消除地表层对探测的影响和无关金属（如铁钉、瓶盖等）的影响。图 8-36 为高性能的金属探测器，可用于探测矿床、寻找宝藏和军事探雷。

图 8-36 高性能金属探测器

第9章

无线电波

现代人的生活处处与无线电波相伴（图 9-1）。我们看电视、听广播，接收的是无线电波；手机通电话、上网使用的是无线电波；GPS导航、无线遥控使用的也是无线电波。

图 9-1　我们生活在充满无线电波的环境中

无线电波的发现

图 9-2 麦克斯韦

麦克斯韦（图 9-2）诞生以前的半个多世纪中，人类对电磁现象的认识取得了很大的进展。1785 年，库仑建立了电荷之间相互作用力的库仑定律。1820 年，奥斯特发现电流能使磁针偏转，从而把电与磁联系起来。其后，安培研究了电流之间的相互作用力，提出了许多重要概念和安培环路定理。1831 年，法拉第发表了电磁感应定律。

麦克斯韦系统地总结了这些前人对电磁规律的研究成果，加上他本人的创造性工作，建立了经典电磁理论。根据这个理论，麦克斯韦认为空间可能存在电磁波，算出电磁波的速度等于光速！因此，麦克斯韦预言光的本质就是电磁波。

图 9-3 赫兹

遗憾的是麦克斯韦英年早逝，他没有看到科学实验对电磁理论的证明。把天才的预言变成世人公认的真理的人，是德国科学家赫兹（图 9-3）。

1886 年，赫兹制作了一套仪器（图 9-4），试图用它发射和接收电磁波。仪器

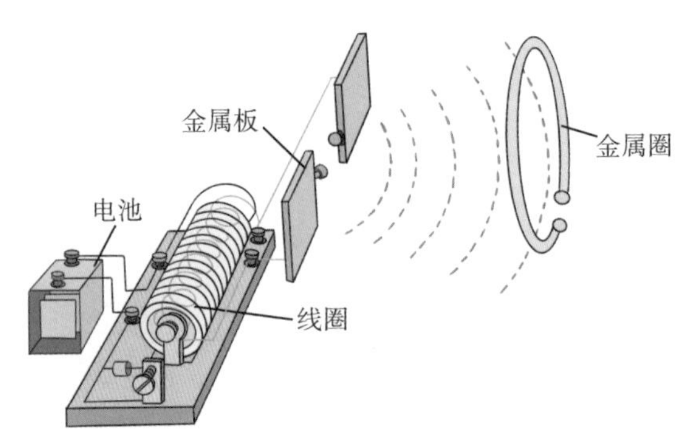

图 9-4　赫兹发现电磁波所用的实验仪器

中有一对抛光的金属小球，两球间有很小的空气隙。两球连接在能够产生高压的感应圈的两端。当两球之间放电时，在空隙间产生了火花。

仪器的另一部分是环状的导线，导线的两端也安装有两个金属球，小球间也有空隙。当把这个导线环放置在距感应圈不远的位置时，他观察到：感应圈两个金属球间有火花时，导线环两个金属球间也跳过了火花。这说明电磁波从发射器传到了接收器。赫兹还通过测量证明了电磁波在真空中具有与光相同的速度。赫兹的实验为无线电技术的发展开拓了道路，后人为了纪念他，用他的名字作为频率的单位。

同声波一样，电磁波的波长、频率与波速之间的关系也是 $波长=\frac{波速}{频率}$，不过此处的波速就是光速。无线电波是电磁波大家族中的一部分，其波长范围为 100 千米到 0.1 毫米，对应的频率范围是 300 千赫到 3 太赫（1 太赫等于 1 万亿赫）。

在赫兹发现电磁波后，利用电磁波进行无线通信的是意大利

图9-5　1899年3月27日，“无线电之父”马可尼在接收无线电信号

青年马可尼和俄国物理学家波波夫。1895年，物理学家波波夫和青年马可尼（图9-5）各自独立发明了无线电报机。马可尼将他的发明发展为完整的系统，从而成功地实现了商业应用。1899年10月，马可尼在怀特岛上播发了第一封收费电报。电码飞越英国和法国之间的英吉利海峡，通信距离达45千米。后来人们将这作为无线电诞生的标志。

1901年，无线电波越过了大西洋，人类首次实线跨洋无线通信。两年后，无线电话实验成功。此后，无线电广播、电视广播、雷达、微波接力通信、卫星通信等电磁波技术也像雨后春笋般相继问世。

无线电波的发射与接收

我们利用无线电波传播声音、图像、数据，我们是把声音、图像、数据等信号变成电子信号，然后将这些电子信号直接变成电磁波发射出去吗？不是的。我们由声音、图像、数据等转化而成的电子信号是无法直接变成无线电波进行传送的。其原因有二：一是这些信号的频率不够高，发射效率比较低。二是这些信号会相互干扰，或容易受到其他电磁波的干扰。

为了提高发射效率和避免干扰，在电磁波的发射中采用了一种叫调制的技术。最常用的调制有调频和调幅。把被传送的电子信号加载在高频的电信号（叫载波信号）上叫调制（图 9-6）。这正如，物资的流动需要借助运输工具，调制就像把要传送的货物装载在运输工具上一样。使载波的幅度随被传送的电子信号的强弱而改变的调制叫调幅（AM）；使载波的频率随被传送电子信号的强弱而改变的调制叫调频（FM）。已经调制好的已调信号再经过放大，就可以通过天线向空间发射电磁波(图 9-7)。

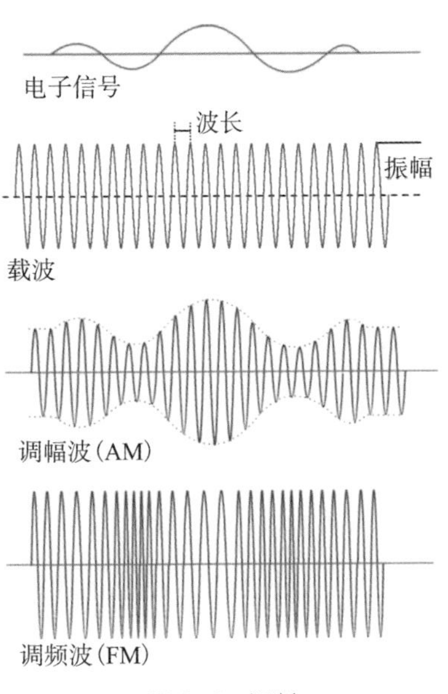

图 9-6 调制

为了避免各发射台对无线电波频率使用的混乱造成无线电信号的相互干扰，国际电信联盟和各国无线电管理机构对无线电波的使用频段进行了划分，什么频段的无线电作什么用途也都有具体的规定。

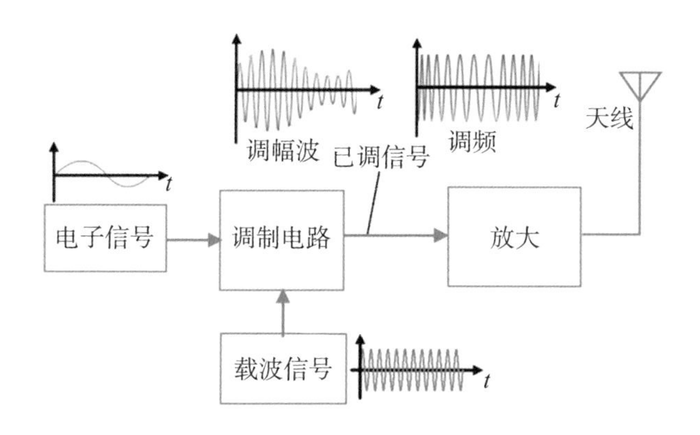

图 9-7　发射电路示意图

我国中波广播（MW）发射频率范围是 531 ～ 1602 千赫，频道间隔是 9 千赫，共 120 个频道，调制方式是调幅。

我国短波广播频率在 2.3 ～ 26.1 兆赫范围内，划定了 14 个米波段（频率区段）用于广播，间隔 9 千赫一个电台，调制方式是调幅。根据型号的不同，短波收音机频率覆盖范围可能相同也可能不同，有的完全覆盖了 2.3 ～ 26.1 兆赫，有的则小于这个范围。

我国超短波广播频率范围是 87 ～ 107.9 兆赫，频道间隔 100 千赫，共 210 个频道，采用调频方式调制，所以也叫调频广播。调频广播相比调幅，音质好，失真小，频带宽，能进行立体声广播。

我国开路电视分三个波段 VHF-1、VHF-2 和 UHF，共 68 个频道，频道间隔是 8 兆赫。

在空中传播的电磁波要利用天线去接收，这是因为电磁波在传输过程中如果遇到导体，会在导体中产生感应电流。可见，接收电磁波的过程就是将空中的电磁波转化为接收电路中的感应电流的过程（图 9-8）。

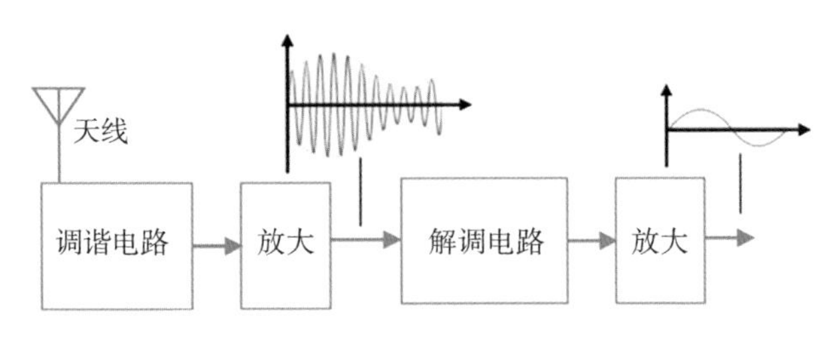

图 9-8　接收电路示意图

世界上有许许多多的无线电台、电视台以及各种通信设备，它们不断地向空中发射各种频率的电磁波，这些电磁波弥漫在我们的周围。如果不加选择地把它们都接收下来，那么必然是一片混乱的信号。所以，接收电磁波后首先要从诸多信号中把我们需要的信号选择出来，能够实现这种功能的电路叫调谐电路。我们平时用收音机选电台时，就要调节收音机上的选台旋钮（也叫调谐旋钮），改变调谐电路的参数，以便选出我们需要的电台。

从调谐电路出来的是高频调制信号，还不是我们需要的声音、图像或数据等被传送的电子信号。从调制的高频信号中分离出被传送电子信号的过程叫解调，是调制的逆过程。

在数字选台的收音机上直接输入接收频率，就可以收到该频率电台的信号。若在我国输入的频率是 886 千赫，能否收到相关的中波电台？

无线电波的传播

无线电波发射出去后，在空间是如何传播的呢？波长不同的电磁波有不同的传播特性。通常，无线电波可按照不同的传播方式分为三类：地波、天波和沿直线传播的波（图 9-9）。

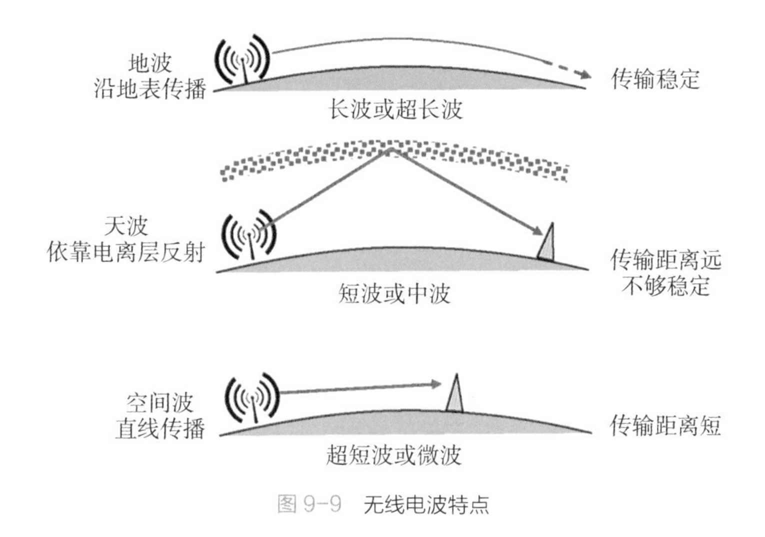

图 9-9　无线电波特点

沿地球表面附近的空间传播的无线电波叫地波。地面上有高低不平的山坡和房屋等障碍物，当电磁波的波长大于或相当于障碍物的尺寸时，电磁波能明显地绕到障碍物的后面。地面上的障碍物一般不太大，长波能很好地绕过去，中波和中短波也能较好地绕过。短波和微波由于波长过短，绕过障碍物的本领就很差了。

另外，地球是个良导体，地波的传播会在地表引起感应电流，因而有能量损失。电磁波的频率越高，损失的能量越多。这也是长波、中波和中短波可以沿地球表面传播较远的距离，而短波和微波则不能传播较远的原因。

地波的传播比较稳定，不受昼夜变化的影响，而且能够沿着弯曲的地球表面达到地平线以外的地方，所以长波、中波和中短波用来进行远距离无线电广播。

由于地波在传播过程中要不断损失能量，而且波长越短损失越大，因此中波和中短波的传播距离不大，一般在几百千米范围内，收音机在这两个波段一般只能收听到本地或邻近省市的电台。长波沿地面传播的距离要远得多，但发射长波的设备庞大，造价高，所以长波很少用于无线电广播，多用于超远程无线电通信和导航等。

依靠电离层的反射来传播的无线电波叫做天波。什么是电离层呢？地球被厚厚的大气层包围着，在地面上空 60 千米到几百千米的范围内，大气中一部分气体分子由于受到太阳光的照射而失去电子，即发生电离，产生带正电的离子和自由电子，这层大气就叫做电离层。

电离层对于不同波长的电磁波表现出不同的特性。实验证明，波长短于 10 米的微波能穿过电离层，波长超过 3000 千米的长波，几乎会被电离层全部吸收。对于中波、中短波、短波，波长越短，电离层对它吸收得越少则反射得越多。因此，短波最适宜以天波的形式传播，它可以被电离层反射到几千千米以外。但是，电离层是不稳定的，它白天受阳光照射时电离程度高，夜晚电离程度低。因此夜间它对中波和中短波的吸收减弱，这时中波和中短波也能以天波的形式传播。收音机在夜晚能够收听到许多远地的中波或中短波电台，就是这个缘故。

微波和超短波既不能以地波的形式传播，又不能依靠电离层的反射以天波的形式传播。它们跟可见光一样，是沿直线传播的。这种沿直线传播的电磁波叫空间波或视波。电视、雷达采用的都是微波。

地球表面是球形的，微波沿直线传播，为了增大传播距离，微波发射天线和接收天线都建得很高（图9-10），但也只能达到几十千米。在进行远距离通信时，要设立中继站。由某地发射出去的微波，被中继站接收，进行放大，再传向下一站。这就像接力赛跑一样，一站传一站，把电信号传到远方。直线传播方式受大气的干扰小，能量损耗少，所以收到的信号较强而且比较稳定。

图9-10　中央广播电视塔

现在，可以用同步通信卫星传送微波。由于同步通信卫星静止在赤道上空36000千米的高空，用它来作中继站，可以使无线

图 9-11　用同步卫星作中继站

电信号跨越大陆和海洋（图 9-11）。

民用的卫星接收天线是一个金属抛物面（图 9-12），俗称卫星锅，负责将卫星传来的微弱信号反射汇聚到位于卫星天线焦点处的馈源和高频头内，信号被放大后再输送到卫星接收机上。

图 9-12　卫星接收天线

同步通信卫星离地高度大约为 36000 千米，地球半径约 6400 千米，请通过简单作图来说明，利用同步通信卫星来实现全球通信覆盖（两极除外），至少要几颗卫星？

链接

雷达

雷达是利用无线电波来测定物体位置的无线电设备。电磁波遇到障碍物会发生反射，雷达就是利用电磁波的这个特性来工作的。波长短的电磁波，由于衍射现象不明显，传播的直线性好，有利于电磁波的定位，因此雷达用的是微波。雷达有一个可以转动的天线，它能向一定方向发射无线电脉冲，每次发射时间短于1微秒，两次发射的时间间隔大约是0.1毫秒。这样发射出去的无线电波遇到障碍物时可以在这个时间间隔内反射回来被接收天线接收。

无线电波的传播速度是光速，测出从发射到接收的时间就可以算出障碍物的距离，再根据发射无线电波的方向和仰角，便可以确定障碍物的位置。

利用雷达可以探测飞机、舰艇、导弹以及其他军事目标。除了军事用途外，雷达可以为飞机、船只导航，可以用来研究卫星、行星，可以探测云层、雷雨等。

卫星定位系统

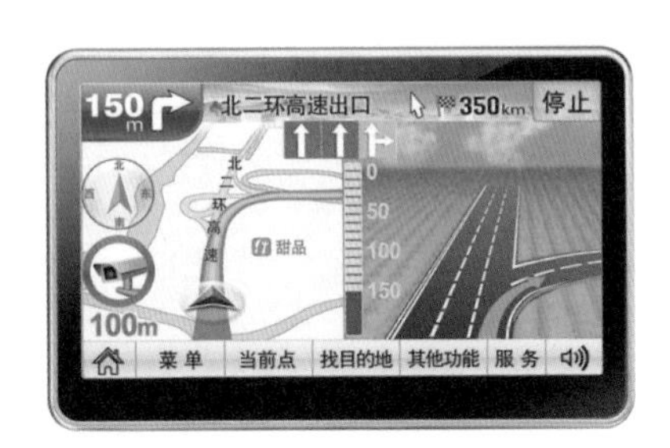

图 9-13 卫星导航仪

当一个人驾车去一个陌生的地方时，他常会打开导航仪（图 9-13）为自己引路。导航仪清楚地指示出自己所在的位置和去往目的地的路线。这种精确定位依靠的是分布于太空的导航卫星，所以也称为卫星定位。卫星定位是一种无线电定位，它是利用导航卫星和导航仪之间传送的无线电波来实现的。

卫星定位系统是一个复杂的系统，一般由三个部分组成，即空间星座部分、地面监控部分和用户设备部分。卫星是如何定位的呢？太空中的卫星不断地向外发射一种称之为测距码的导航信号，导航信号包含了本卫星的轨道参数、时钟参数、各种误差修正参数和发射电磁波的时间信息。接收机收到其中三颗卫星 A、B、C 的导航信号后，知道这三颗卫星的精确位置和电磁波的传播时间，算出接收机到卫星的距离 a、b、c，利用几何关系可以求解出接收机的空间三维坐标（x，y，z）的三个未知量 x、y、z。考虑到卫星的时钟与接收机时钟之间的误差，实际上有 4 个未知数，x、y、z 和时钟误差，因而需要引入第 4 颗卫星，才能求解出接收机的坐标 x、y、z。

事实上，接收机往往可以锁住4颗以上的卫星，这时，接收机可按卫星的星座分布分成若干组，每组4颗，然后通过算法挑选出误差最小的一组用作定位，从而提高精度。

上面所说的只是定位原理中的其中一种，称为单点定位，或绝对定位，是通过唯一的一个卫星接收器来确定位置。在桥梁建设、隧道施工等场合有时需要精确定位，这种单点定位方法由于误差太大，显然不满足要求。为了提高定位精度，一般采用卫星定位系统的差分定位技术。图9–14是差分定位的示意图，先建立地面基准站（也叫差分台）进行卫星观测，利用已知的基准站精确坐标，与观测值进行比较，从而得出一修正数，并对外发布。接收机收到该修正数后，与自身的观测值进行比较，消去大部分误差，得到一个比较准确的位置。利用差分定位技术，定位精度可提高到厘米级量级甚至更高。

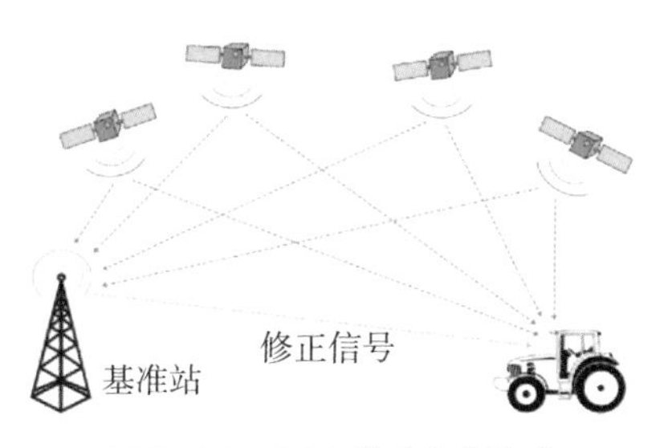

图9–14　GPS差分定位技术

中国北斗卫星导航系统（BDS）是我国自行研制的全球卫星导航系统。它是继美国全球定位系统（GPS）、俄罗斯格洛纳斯卫星导航系统（GLONASS）之后第三个成熟的卫星导航系统。

北斗卫星导航系统由空间段、地面段和用户段三部分组成，其空间段由 35 颗卫星组成，包括 5 颗静止轨道卫星、27 颗中地球轨道卫星（高度 2 万多千米）、3 颗倾斜同步轨道卫星。它是覆盖全球的北斗卫星导航系统。

北斗卫星导航系统还有一个特有的短报文功能（卫星短信），一次传送可达 120 个汉字的信息。所谓的短报文是指卫星定位终端和北斗卫星或北斗地面服务站之间能够直接通过卫星信号进行双向的信息传递。北斗终端就可以通过短报文进行紧急通信，在远洋航行中有重要的应用价值。

蜂窝移动通信系统

利用手机通话、上网、刷微信、看视频已经成为人们的一种生活方式。手机所装备的无线移动通信系统经过 5 代的发展，已从单纯的通话系统逐渐演变为无线移动互联网系统。诞生于 20 世纪 80 年代初的第一代蜂窝移动通信系统（简称 1G）是基本面向模拟电话的模拟系统。它的手持终端在当时有个响当当的名字——大哥大。诞生于 1992 年的第二代蜂窝通信系统（2G）是数字系统。在 2G 系统中引入了用户身份模块（SIM 卡），系统已经可以提供数据业务（短信、彩信等），并能上网。第三代蜂窝通信系统（3G）的通信容量和数据速率得到了较大的提高，能以较快速度上网，并有较好视频传输性能。第四代蜂窝通信系统（4G）数据速率达到3G的20至30倍，使移动通信进入无线宽带时代。

我们所使用的移动通信系统为什么叫蜂窝系统呢？这是因为在这个通信系统中，信号覆盖区域被分为一个个的小区，它可以是六边形、正方形、圆形或其他的一些形状，通常是六角蜂窝状。这些小区组成了地理服务区（图9-15），由于服务区的形状很像蜂窝，所以把这种通信网络称为蜂窝式网络。蜂窝系统中每个小区设立一个基站(图9-16)，配备了多个载波频率(一般1～6个)，覆盖半径大多为1～10千米，终端和基站之间通过无线连接，基站与移动交换中心通过有线连接。手机间的通话不是直接通信的，都是按“手机——基站——移动交换中心——基站——手机”模式通信的。

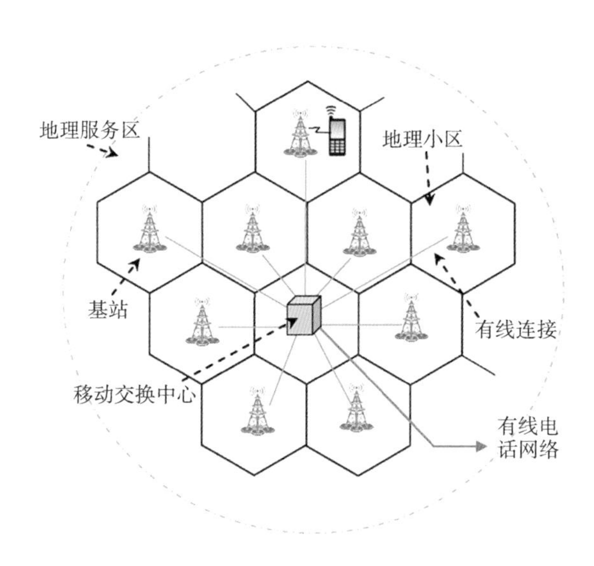

图9-15　蜂窝移动通信系统

图 9-16　基站

蜂窝通信系统与大区制通信系统（一个基站覆盖整个服务区）相比，有以下优点：

（1）高容量。理论上，一个蜂窝系统可以通过增加小区来扩展，为不断增多的用户提供服务。

（2）小区分裂。随着用户数目增多，小区还可进一步划小，形成更小的蜂窝小区，叫小区分裂。分裂后的小区可以增加新的基站，使原小区范围内信道（载波频率）数增加，系统的容量和密度也随之增加。

（3）频率复用。分配给某一小区的独立信道可以被另一个不相邻的小区使用，充分利用了有限的频率资源。

在同一小区内有许多用户同时通话为什么不会相互混淆呢？这是因为通信系统采用一种叫“多址通信”的技术来解决了问题。所谓多址通信就是通信系统给每个使用中用户分配不同的“地址”（是一种编号），信号基站对不同地址的用户分别进行通信的一种通信方式。多址的方式有频分多址、时分多址和码分多址。

频分多址（FDMA）就是移动网络分配给不同手机以不同的载波频率，不同的载波频率就像不同的车道，互不干扰。这里的“地址”就是载波频率。移动通信中某一频段内，每隔一定频率设一个信道，每个信道在同一时间内只能给一个用户使用。每个基站分配到的信道数很少，所以这种方式在同一时间只能让很少用户同时通信，否则会被占线。

时分多址（TDMA）就是大家的手机轮流与基站通信（图 9-17 中的手机 *a*、*b*、*c* 和 *d*），但是轮流得非常快，每个手机通信的时间只占 1 秒的几十万分之一，再加上手机的一些信号处理，人耳感觉不到轮流中等待的那段时间，感觉就像连续通话一样。时分多址的“址”就是轮流通信的时间次序。

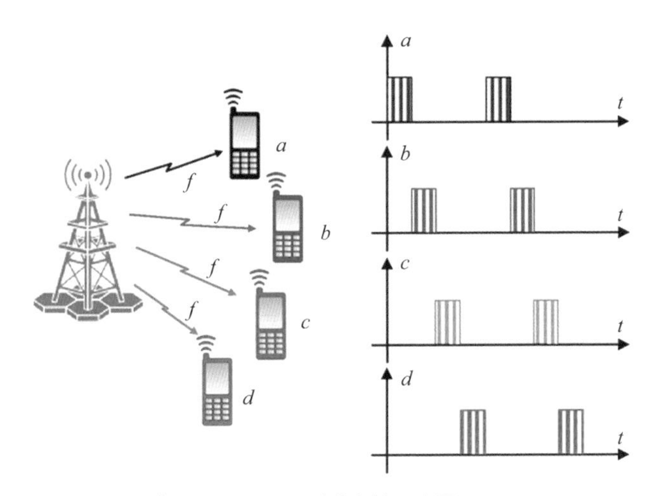

图 9-17　时分多址示意图

码分多址（CDMA）就像大家的手机在传送信号前，给自己的信号上贴个标签，基站接收到大家一起发来的信号后，通过标签就能分辨出手机 *a*、手机 *b* 等。这个标签就是码序列，码分多址 CDMA 的“址”就是标识用户的码序列。

通信系统用多址技术解决了多用户同时通信的问题，那通信系统是如何解决手机同时收、发信息的问题的呢？若通信设备只能发送或接收信息，其工作方式称为单工，比如广播；若通信设备能发送或接收信息但不能同时双向传送，其工作方式称为半双工，比如通常的对讲机；若通信设备能够同时双向传送信息，则其工作方式称为全双工。手机是如何实现双工通信的？有两种方式：

一是频分双工（FDD）模式，就是采用发射和接收频率不同来实现同时收发信息。比如在 1900 兆赫频段，发射频率为 1920 ～ 1980 兆赫，相应的接收频率为 2110 ～ 2170 兆赫。

二是时分双工（TDD）模式，发射和接收采用同一个频率，但以不同的时间空隙进行收发通信，有点像全自动对讲机。

Wi-Fi 与蓝牙

我们经常接触的 Wi-Fi 是什么呢？从字面上看，Wi-Fi（图 9-18）是无线保真的意思，类同于音响系统的 Hi-Fi（高保真）。其实 Wi-Fi 是符合 WLAN（无线局域网）协议、采用 IEEE 802.11 系列标准的一项短距离无线通信技术，是 WLAN 框架下的一个标准，

图 9-18　Wi-Fi 的标识

包含于 WLAN 中。Wi-Fi 通常使用 2.4 吉赫或 5 吉赫的无线频段（1 吉赫 =10^9 赫），覆盖最大范围为 100 米左右。

办公室或家庭常见的无线路由器都可以采用 Wi-Fi 连接方式进行联网。但商场、车站、机场等许多大型公共场所采用的是无线 AP（Wireless Access Point，无线接入点）技术。无线 AP 是基于 WLAN 的一个设备，类似于无线路由器，提供无线接入服务。尽管很多公共场所的 AP 无线信号规格（覆盖可达到几千米）都大大超过 Wi-Fi 的标准定义，平时我们习惯上还是把它称作 Wi-Fi 信号。

Wi-Fi 除家用无线路由器上网外，还有很多其他方面的应用。在电视机、空调、相机和摄像头等设备中加入 Wi-Fi 模块和嵌入式单片机，就能实现智能控制，实现 APP 的远程操控。

一些自带 Wi-Fi 功能的相机，能通过 Wi-Fi 把拍摄的照片即时分享给亲朋好友，还能通过 Wi-Fi 上网下载各种 APP。对于没有 Wi-Fi 功能的相机，也可以加 Wi-Fi SD 卡来实现照片分享传输。Wi-Fi SD 卡内置了 Wi-Fi 模块。把 SD 卡的开关打开插入相机，开机后，SD 卡就产生 Wi-Fi 热点。在手机端连接 SD 卡发出的 Wi-Fi 信号后，打开相应的 APP 就能传输照片。

Wi-Fi 另一个普遍应用是 Wi-Fi 监控摄像头（图 9-19）。在没有外网的情况下，摄像头就是一个 Wi-Fi 热点，手机在 Wi-Fi 信号覆

图 9-19　Wi-Fi 摄像头监控系统

盖的范围内，能查看监控画面，控制摄像头变焦、转向等。有外网时摄像头连接如图 9-20，在手机的 APP 中绑定好 Wi-Fi 摄像头的 MAC 地址（硬件地址，每一个电子产品芯片内都有唯一的 MAC 地址），设置好 SSID（标识符）后，就可以用手机远程控制摄像头，查看监控画面了。

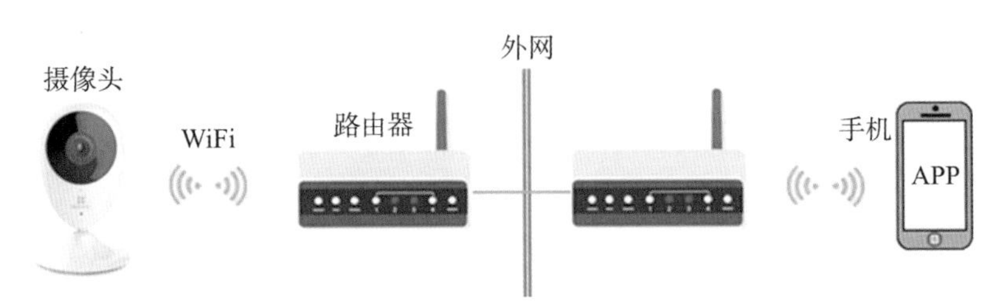

图 9-20　摄像头联网示意图

讲到 Wi-Fi，我们就不得不介绍一下蓝牙技术了。蓝牙（图 9-21）是一种通信技术，是一种无线个人局域网（简称 WPAN）。

图 9-21　蓝牙的标识

蓝牙使用 2.4 吉赫无线频段，在 2402 兆赫到 2480 兆赫之间设立几十个频道。蓝牙传输数据时，将数据分割成几十个数据包，加载到不同的频道上，再用跳频技术进行发射，每秒跳变 1600 次。所谓跳频技术就是按一定的码序列不断改变发射频道的一种发射方式。蓝牙的通信距离一般在几十米，数据带宽比 Wi-Fi 小。现在各种数码产品中基本上可以集成蓝牙功能，如手机、耳机、键鼠、相机等，使用范围极其广泛。

射频识别技术与近场通信

图 9-22　ETC 通道

我们在高速入口处经常看到“ETC 专用”字样（图 9-22），这“ETC”是什么意思呢？ETC 是电子不停车收费系统（Electronic Toll Collection）的简称。ETC 应用了射频识别（Radio Frequency Identification，简称 RFID）技术，是 RFID 的一个分支。

RFID（图 9-23）是一种通信技术，可通过无线电信号识别特定目标并读写相关数据，无需在识别系统与特别目标之间建立机械或光学接触。射频识别系统由读写器（含天线）、应答器（一般是电子标签）和软件系统组成（图 9-24）。当带有 RFID 电子标签（图 9-25）的物品经过读写器时，电子标签被读写器激活，并通过无线电波将标签中携带的信息传送到读写器以及计算机系统，完成信息的自动采集工作，计算机应用系统则根据需要进行相应的信息控制和处理工作。

图 9-23　RFID 标识

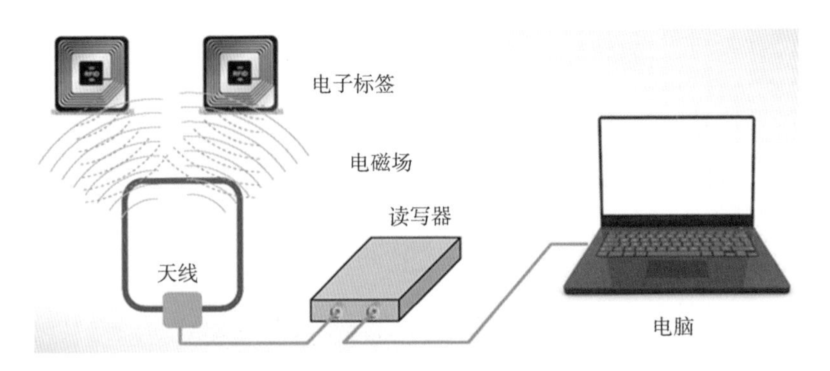

图 9-24 RFID 工作示意图

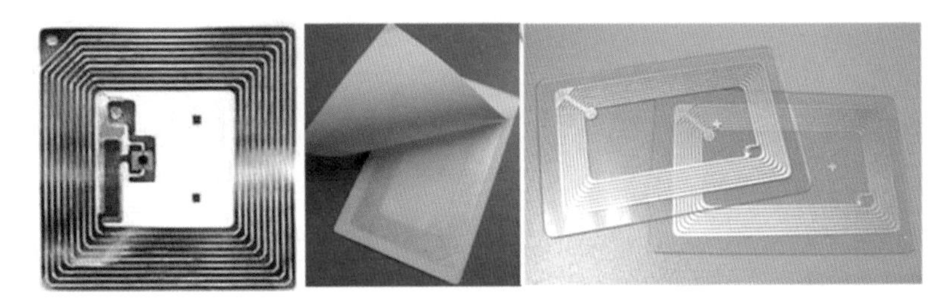

图 9-25 RFID 电子标签：带有印刷线圈和集成电路（IC）的标签

射频识别系统最重要的优点是非接触识别，它能穿透雪、雾、冰、涂料、尘垢等恶劣环境阅读标签，并且阅读速度极快，大多数情况下不到 0.1 秒。射频识别系统主要有无源 RFID 标签、有源 RFID 标签和半主动 RFID 标签。

无源 RFID 标签（有些场合也叫 IC 卡）内部没有电源，也叫被动标签。无源 RFID 标签的发展最早，技术最成熟，市场应用最广。公交卡、食堂餐卡、银行卡、门禁卡、二代身份证等，都属于无源 RFID。无源 RFID 主要工作频率有 125 千赫、13.56 兆赫、433 兆赫和 915 兆赫。

无源 RFID 标签没有电源，它是如何工作呢？读写器通过天线发射无线电波，电子标签接收到高频电波后，通过相关电路把高频电波信号变成直流电源（有点像无线充电），再提供给内部集成电路使用。

那么，读写器是如何读取标签中的信息的呢？RFID 利用一种叫负载调制的技术来实现信息的读取。我们平时有这样的体验：当家里的空调等大功率设备（负载）运行时，灯泡的亮度会稍微暗一下。当大功率负载不断地通断，灯泡的亮度就不断地变化，负载的通断信息就在灯泡的亮度上体现出来了。负载调制技术用了类似技术。电子标签中有个负载（一般是电阻或电容器），当内部集成电路的信息不断控制此负载与线圈接通或断开，与线圈有耦合关系的读写器天线两端电压就发生变化，读写器对此电压进行提取处理，就能获得电子标签中的信息。

有源 RFID 标签内部有电源，也叫主动标签。有源 RFID 标签的有效识别距离大，可达到 30 米以上，主要工作频率有 433 兆赫、2.45 吉赫和 5.8 吉赫。

射频识别系统简单易于操控，识别工作无需人工干预，它既可支持只读工作模式，也可支持读写工作模式，且无需接触或瞄准，可自由工作在各种恶劣环境下。射频识别系统广泛应用于物流和仓储管理、生产制造和装配、文档追踪和图书馆管理、动物身份标识、门禁控制和电子门票、道路自动收费等场合。

一些电子产品上有图 9-26 所示的标记，这个标记是近场通信技术（Near Field Communication，简称 NFC）的符号。NFC 是飞利浦、诺基亚和索尼公司联合推出的一种可兼容 ISO14443 非接触式卡协议的无线通信技术，由非接触式射频识别（RFID）演变而来，并兼容 RFID，其工作频率在 13.56 兆赫，也是通过无线电波的感应耦合方式传递信息的。它允许电子设备之间在 10 厘米范围内进行非接触式点对点数据传输，因而在门禁、公交、手机支付（图 9–27）等领域内有着巨大的应用。

图 9–26　NFC 标记

图 9–27　利用 NFC 进行支付

RFID 功能与蓝牙非常相像。相比蓝牙，NFC 使用简单，保密性强，设备间连接快，但其传输速度比较慢。有 NFC 功能的两手机或其他设备，打开 NFC 功能后，无需烦琐的设置，只要接近到 10 厘米以内，就能自动连接上。

随着物联网的普及和移动支付的兴起，手机作为物联网最直接的智能终端，必将会在功能和技术上有所革新，NFC 如同蓝牙、GPS 一样，将会逐渐成为手机重要的标配。